本著作由：项目名称"宿州学院—兰智大数据科技有限公司校企合作实践教育基地建设"（项目编号：szxy2023jyjf72）以及项目名称：基于云平台的计算机通识课程教学改革（编号：szxy2023jyjf73）宿州学院质量工程结余经费共同资助出版。

基于 RFID 的物联网系统设计与应用

刘皖苏　吴文平　卢　彪　著

U0340560

University of Electronic Science and Technology of China Press

·成都·

图书在版编目（CIP）数据

基于 RFID 的物联网系统设计与应用／刘皖苏，吴文平，卢彪著. — 成都：电子科技大学出版社，2023.3
ISBN 978-7-5770-0038-1

Ⅰ. ①基… Ⅱ. ①刘… ②吴… ③卢… Ⅲ. ①物联网-系统设计 Ⅳ. ①TP393. 409②TP18

中国国家版本馆 CIP 数据核字（2023）第 005067 号

基于 RFID 的物联网系统设计与应用
JIYU RFID DE WULIANWANG XITONG SHEJI YU YINGYONG
刘皖苏　吴文平　卢　彪　著

策划编辑　郭蜀燕
责任编辑　郭蜀燕

出版发行　电子科技大学出版社
　　　　　成都市一环路东一段 159 号电子信息产业大厦九楼　邮编 610051
主　　页　www. uestcp. com. cn
服务电话　028-83203399
邮购电话　028-83201495

印　　刷　唐山唐文印刷有限公司
成品尺寸　185mm×260mm
印　　张　12
字　　数　330 千字
版　　次　2023 年 3 月第 1 版
印　　次　2024 年 4 月第 1 次印刷
书　　号　ISBN 978-7-5770-0038-1
定　　价　78. 00 元

前　言

　　物联网是当前的热点问题之一，甚至被誉为继计算机、互联网技术之后的第三次信息革命。实际上，物联网应用的推进比较缓慢，一般的物联网应用并没有与实体经济紧密地联系在一起，主要集中在社会生活服务和公共管理领域，也就是说物联网与实物产品的流动关联性不够。如果将物联网技术应用于实体经济，利用先进的信息采集、处理交换等技术完成物与物之间的联动，以智能的方式实现人与物、物与物之间的沟通，从而可以实现人类社会与物理系统的整合，达到更加精细和动态的方式去管理生产和生活。物联网本身就是基于 RFID 技术组成的传感网，可以说物联网的主要技术，也可以称作关键技术就是 RFID 技术，如今信息时代的不断发展，RFID 技术也得到了进一步的发展。物联网是一种先进的社会概念，为社会的发展带来了更为广阔的想想空间，让物体之间实现智能化联系，满足建筑、道路、煤炭、仓储、制造等行业的发展需求。RFID 技术能让物联网的自身部署更为简单，而且花费成本较少，效果较好，具有较高的研究价值。

　　射频识别技术（RFID）是一种非接触式自动识别技术，利用射频信号及其空间耦合和传输特性，实现对静止或移动物体的自动识别。射频识别的信息载体是射频标签，其形式有卡、钮扣等多种标签表现形式。射频标签一般安装在产品或物品上，由射频识读器读取存储于标签中的数据。RFID 可以用来追踪和管理几乎所有物理对象。基于 RFID 的物联网系统，将成为继条码技术之后，再次变革商品零售结算、物流配送以及产品跟踪管理模式的一项新技术。正是从这个角度出发，本书对基于 RFID 物联网的应用进行探讨。

　　为了提升本书的学术性与严谨性，在撰写过程中，笔者参阅了大量的文献资料，引用了诸多专家学者的研究成果，因篇幅有限，不能一一列举，在此一并表示最诚挚的感谢。由于时间仓促，加之笔者水平有限，在撰写过程中难免出现不足的地方，希望各位读者不吝赐教，提出宝贵的意见，以便笔者在今后的学习中加以改进。

目　录

第一章　初识物联网

第一节　物联网的定义、特征及发展

一、物联网的定义

物联网是一个较新的概念，随着人们对其认识的不断深入，其内涵也在不断地发展、完善。目前业界对物联网这一概念的准确定义一直未达成统一的意见，主要存在几种相关概念，即物联网（Internet of Things，IOT）、无线传感网（Wireless Sensor Network，WSN）以及泛在网（Ubiquitous Network，UN）。

（一）物联网

不同研究机构对物联网的定义侧重点不同，目前业界还没有一个对物联网的权威定义，只存在以下几个具有代表性的且被普遍认可的定义：

定义1：物联网是通过射频识别（RFID）、红外感应器、全球定位系统（GPS）、激光扫描器等信息传感设备，按约定的协议，把任何物品与互联网连接起来，进行信息交换和通信，以实现智能化识别、定位、跟踪、监控和管理的一种网络。

定义2：物联网是指由具有自我标识、感知和智能的物理设备基于通信技术相互连接形成的网络，这些物理设备可以在无需人工干预的条件下实现协同和互动，为人们提供智慧和集约的服务，具有全面感知、可靠传递、智能处理的特点。

定义3：物联网是指将无处不在（Ubiquitous）的末端设备（Devices）和设施（Facilities），包括具备"内在智能"的传感器、移动终端、工业系统、楼控系统、家庭智能设施、视频监控系统等和"外在使能"（Enabled）的设备，如贴上RFID的各种资产（Assets）、携带无线终端的个人与车辆等"智能化物件或移动物"或"智能尘埃"（Mote），通过各种无线和/或有线的长距离和/或短距离通信网络实现物物互联互通（M2M）、应用大集成（Grand Integration）以及基于云计算的SaaS营运等模式，在内网（Intranet）、专网（Extranet）和/或互联网（Internet）环境下，采用适当的信息安全保障机制，提供安全可控乃至个性化的实时在线监测、定位追溯、调度指挥、报警联动、预案管理、远程控制、远程维保、安全防范、在线升级、统计报表、决策支持、领导桌面（集中展示的 Cockpit Dashboard）等管理和服务功能，实现对"万物"的"高效、节能、安全、环保"的"管、控、营"一体化。

定义 4：2009 年 9 月，在北京举办的"物联网与企业环境中欧研讨会"上，欧盟委员会信息和社会媒体司 RFID 部门的负责人 Lorent Ferderix 博士给出了欧盟对物联网的定义：物联网是一个动态的全球网络基础设施，它基于标准和互操作通信协议，具有自组织能力，其中物理的和虚拟的"物"具有物理属性、身份标识、虚拟的特性和智能的接口，并与信息网络无缝整合。物联网将与媒体互联网、企业互联网和服务互联网一道，构成未来的互联网。

目前，国际上对物联网的定义还有很多。物联网还没有统一的定义，这一方面说明物联网的发展还处于探索阶段，不同背景的研究人员、设备厂商、网络运营商是从不同的角度去构想物联网的发展状况，对物联网的未来缺乏统一而全面的规划；另一方面说明了物联网不是一个简单的热点技术，而是现代信息技术发展到一定阶段后出现的一种聚合性应用与技术提升，也是一个融合了感知技术、通信与网络技术、智能计算技术的复杂信息系统。物联网对各种感知技术、现代网络技术和人工智能与自动化技术进行聚合与集成应用，使人与物智慧对话，创造出一个智慧的世界，人们对它的认识还需要一个过程。

物联网的概念可从广义和狭义两方面来理解：狭义来讲，物联网是物品之间通过传感器连接起来的局域网，不论其接入互联网与否，都属于物联网的范畴；广义来讲，物联网是一个未来发展的愿景，等同于"未来的互联网"或者"泛在网络"，能够实现人在任何时间、地点，使用任何网络与任何人与物的信息交换以及物与物之间的信息交换。

物联网的本质概括起来主要体现在三个方面：一是互联网特征，即对需要联网的物一定要能够在互联网上实现互联互通；二是识别与通信特征，即纳入物联网的"物"一定要具备自动识别和物与物通信（即 M2M，又称为机器通信）的功能；三是智能化特征，即网络系统应具有自动化、自我反馈与智能控制的特点。

其中，物联网之"物"的涵义，物联网中的"物"不是普通的物，这里的"物"要满足一定条件才能够被纳入"物联网"的范围：①有相应信息的接收器；②有数据传输通路；③有一定的存储功能；④有 CPU；⑤有操作系统；⑥有专门的应用程序；⑦有数据发送器；⑧遵循物联网的通信协议；⑨在世界网络中有可被识别的唯一编号。只有这样，才能构建出物物相联的"物联网"。

（二）无线传感网

国外一些研究组织和机构不主张物联网的提法，他们更多提出的是无线传感器网络（简无线传感网）。对于无线传感网的定义，目前也没有权威的版本。下面的四个版本从不同角度对无线传感网做出了阐述：

定义 1：无线传感网是指由若干具有无线通信能力的传感器节点自组织构成的网络。

定义 2：无线传感网即泛在传感网（Ubiquitous Sensor Network），它是由智能传感器节点成的网络，可以以"任何地点、任何时间、任何人、任何物"的形式被部署。

定义 3：无线传感网以对物理世界的数据采集和信息处理为主要任务，以网络为信息传递载体，实现物与物、物与人之间的信息交互，提供信息服务的智能网络信息系统。

定义 4：无线传感网是指由部署在监测区域内大量的廉价微型传感器节点组成，通过无线通信方式形成的一个多跳的自组织的网络系统，目的是协作地感知、采集和处理网络覆盖区域中感知对象的信息，并发送给观察者。传感器、感知对象和观察者是构成无线传感网的三个要素。

由传感器、通信网络和信息处理系统为主构成的无线传感网，具有实时数据采集、监督控制和信息共享与存储管理等功能，它使目前的网络技术的功能得到了极大拓展，也使通过网络实时监控各种环境、设施及内部运行机理等成为可能。

Internet 构成了逻辑上的信息世界，改变了人与人之间的沟通方式。无线传感网就是将逻辑上的信息世界与客观上的物理世界融合在一起，改变人类与自然界的交互方式。《美国商业周刊》和《MIT 技术评论》在预测未来技术发展的报告中，都分别将无线传感网列为 21 世纪最有影响的 21 项技术和改变世界的十大技术之一。

（三）泛在网

泛在网（Ubiquitous Network）是指无所不在的网络。最早提出"u"化战略的日本和韩国对泛在网给出的定义是：无所不在的网络社会将是由智能网络、先进的计算技术以及其他领先的数字技术基础设施而构成的技术社会形态。

泛在网是指面向泛在应用的各种异构网络的集合，也被称为"网络的网络"，它更强调跨网之间的互联互通及信息的聚合与应用。泛在网基于个人和社会的需求利用现有的和新的网络技术，实现人与人、人与物、物与物之间按需进行的信息获取、传递、存储、认知、决策、使用等服务。泛在网具备超强的环境感知、内容感知及智能性，为个人和社会提供泛在的、无所不包含的信息服务和应用。泛在网的概念反映了信息社会发展的远景和蓝图，具有比物联网更广泛的内涵。

（四）物联网、无线传感网、泛在网、互联网之间的关系

1. 物联网与无线传感网的关系

从字面上看，无线传感网强调通过传感器作为信息获取手段，不包含通过 RFID、二维码、摄像头等方式获取信息的感知能力。从 ITU（国际电信联盟）、ISO（国际标准化组织）等国际标准组织对无线传感网、物联网的定义和标准化范围来看，无线传感网和物联

网其实是一个概念的两种不同表述，其实质都是依托于各种信息设备实现物理世界和信息世界的无缝融合。

2. 物联网与互联网的关系

互联网是人与人之间的联系，而物联网是人与物、物与物之间的联系。与现有的互联网相比，物联网更注重信息的传递，互联网的终端必须是计算机（个人电脑、PDA、智能手机等），并没有感知信息的概念。物联网是互联网的延伸和扩展，使信息的交互不再局限于人与人或者人与机的范畴，而是开创了物与物、人与物这些新兴领域的沟通。

根据物联网与互联网的关系分类，可将物联网归纳为以下四种类型：

（1）物联网是无线传感网而不接入互联网。

（2）物联网是互联网的一部分。

（3）物联网是互联网的补充网络。

（4）物联网是未来的互联网。

3. 物联网与泛在网的关系

物联网、泛在网在概念上的出发点和侧重点不完全一致，但其目标都是突破人与人通信的模式，建立物与物、物与人之间的通信。而对物理世界的各种感知技术，即传感器技术、RFID 技术、二维码、摄像头等，是构成物联网、泛在网的必要条件。总之，不论是哪一种类型的概念，物联网都需要对物体具有全面感知能力，对信息具有可靠传送和智能处理能力，从而形成一个连接物体与物体的信息网络。

二、物联网的特征

物联网不是全新的网络和应用。物联网是在现有电信网、互联网、行业专用网的基础上，增强网络延伸、信息感知和信息处理能力，基于应用的需求构建的信息通信融合应用的基础设施。因此物联网不是新的网络和应用，而是多年来各行各业应用与信息通信技术融合发展的产物。与传统的互联网及通信网相比，物联网有其鲜明的特征。本节将介绍物联网的基本特征。

（一）全面感知

联网是各种感知技术的广泛应用。在物联网中，利用 RFID、二维码、GPS、摄像头、传感器、传感器网络等感知、捕获、测量的技术手段，随时随地对物体进行信息采集和获取。以传感器为例，在物联网中部署了海量的多种类型传感器，每个传感器都是一个信息源，不同类别的传感器所捕获的信息内容和信息格式不同。传感器获得的数据具有实时性，按一定的频率周期性地采集环境信息，不断更新数据。在物联网中，各种感知技术的综合应用使物联网的接入对象更为广泛，获取信息更加丰富。

（二）可靠传送

物联网是一种建立在互联网和通信网上的泛在网络。物联网技术的重要基础和核心旧是传统的互联网与通信网，通过各种有线和无线网络与互联网和通信网融合，将物体的信息接入网络并实时准确地进行传递，以随时随地进行可靠的信息交互和共享。例如，在物联网中的传感器定时采集各类环境信息，通过网络传输，送达监控中心或应用平台。物联网中的信息数量极其庞大，已构成海量信息，因此在传输过程中，为了保障数据的正确性和及时性，必须适应各种异构网络和协议。在物联网中，网络的可获得性必须更高，可靠性必须更强，互联互通必须更为广泛。

（三）智能处理

物联网不仅仅提供了传感器的连接，其本身也具有智能处理的能力，能够对物体实施智能控制。物联网将传感器和智能处理相结合，利用云计算、模式识别、模糊识别等各种智能技术，对海量的跨地域、跨行业、跨部门的数据和信息进行分析处理，提升对物理世界、经济社会各种活动和变化的洞察力，实现智能化的决策和控制，扩充其应用领域。例如，从传感器获得的海量信息中分析、加工和处理出有意义的数据，以适应不同用户的不同需求，发现新的应用领域和应用模式。物联网的信息处理能力越强大，人类与周围世界的相处就越智能化。

三、物联网发展及展望

（一）物联网发展史

物联网的基本思想出现于 20 世纪 90 年代。物联网的实践最早可以追溯到 1990 年施乐公司的网络可乐贩售机—Networked Coke Machine。

1995 年，比尔·盖茨在《未来之路》一书中，畅想了微软以及整个科技产业未来的发展趋势，这不仅仅是预测，更是人类的梦想。他在书中写道："这些预测虽然现在看来不太可能实现，甚至有些荒谬，但是我保证这是一本严肃的书，而绝不是戏言。十年后我的观点将会得到证实。"在该书中，比尔·盖茨提到了"物联网"的构想，即互联网仅仅实现了计算机的联网，而未实现与万事万物的联网，但迫于当时网络终端技术的局限使得这一构想无法真正实现。

1999 年，在美国召开的移动计算和网络国际会议首先提出了物联网（Internet of Things）这个概念，它是 MIT Auto-ID 中心的 Ashton 教授在研究 RFID 技术时最早提出来的，并给出了结合物品编码、RFID 技术和互联网技术的解决方案。当时基于互联网、RFID 技术、EPC 标准，在计算机互联网的基础上，利用射频识别技术、无线数据通信技术等，构造了一个实现全球物品信息实时共享的实物互联网（简称物联网），即 "Internet of Things"，这也是 2003 年掀起第一轮物联网热潮的基础。

2003 年，美国《技术评论》提出传感网络技术将会排在未来改变人们生活的十大技术之首。

2005 年 11 月 17 日，在突尼斯举行的信息社会世界峰会（WSIS）上，国际电信联盟（ITU）发布了《ITU 互联网报告 2005：物联网》，引用了"物联网"的概念。物联网的定义和范围已经发生了变化，覆盖范围有了较大的拓展，不再只是指基于 RFID 技术的物联网。

2008 年以后，为了促进科技发展，寻找经济新的增长点，各国政府开始重视下一代的技术规划，将目光放在了物联网上。在中国，2008 年 11 月在北京大学举行的第二届"知识社会条件下的创新 2.0"中国移动政务研讨会提出移动技术、物联网技术的发展代表着新一代信息技术的形成，并带动了经济社会形态、创新形态的变革，推动了面向知识社会的以用户体验为核心的下一代创新形态（创新 2.0 形态）的形成，创新与发展更加关注用户、注重以人为本。而创新 2.0 形态的形成又进一步推动新一代信息技术的健康发展。

2009 年 1 月 28 日，奥巴马就任美国总统后，与美国工商业领袖举行了一次"圆桌会议"，IBM 首席执行官彭明盛首次提出"智慧地球"）这一概念，建议新政府投资新一代的智慧型基础设施。当年，美国将新能源和物联网列为振兴经济的两大重点，"智慧地球"战略上升为美国的国家战略。

2009 年 2 月 24 日在 2009 IBM 论坛上，IBM 大中华区首席执行官钱大群公布了名为"智慧地球"的最新战略。此概念一经提出，即得到美国各界的高度关注，并在世界范围内引起轰动。IBM 任务，IT 产业下一阶段的关键是把新一代 IT 技术充分运用在各行各业之中，具体地说就是把感应器嵌入和装备到电网、铁路、桥梁、隧道、公路、建筑、供水系统、大坝、油气管道等各种物体中，并且将其普遍连接，形成物联网。在策略发布会上，IBM 还提出，如果在基础建设的执行中，植入"智慧"的理念，不仅仅能够在短期内有力地刺激经济、促进就业，而且能够在短时间内打造出一个成熟的智慧基础设施平台。IBM 希望"智慧地球"策略能掀起"互联网"浪潮之后的又一次科技产业革命。IBM 前首席执行官郭士纳曾提出一个重要的观点，认为计算模式每隔 15 年发生一次变革。这一判断像摩尔定律一样准确，人们把它称为"15 年周期定律"。1965 年前后发生的变革以大型机为标志，1980 年前后以个人计算机的普及为标志，而 1995 年前后则发生了互联网革命。每一次这样的技术变革都引起企业间、产业间甚至国家间竞争格局的重大动荡和变化。而互联网革命一定程度上是由美国"信息高速公路"战略所催熟的。20 世纪 90 年代，美国政府计划用 20 年时间，耗资 2000 亿~4000 亿美元，建设美国国家信息基础结构，创造了巨大的经济和社会效益。"智慧地球"战略被不少美国人认为与"信息高速公路"有许多相似之处，同样被他们认为是振兴经济、确立竞争优势的关键战略。该战略能否掀起如互联网革命一样的科技和经济浪潮，不仅为美国关注，更为世界所关注。

2009 年 8 月 7 日，温家宝总理到中科院无锡微纳传感网工程技术研发中心（简称无锡传感网中心）考察时说："当计算机和互联网产业大规模发展时，我们因为没有掌握核心技术而走过一些弯路。在传感网发展中，要早一点谋划未来，早一点攻破核心技术。"提出要加快推进传感网发展，建立中国传感信息中心。由此，"感知中国"便浮出水面。自温总理提出"感知中国"以来，物联网被正式列为国家五大新兴战略性产业之一，写入我国的《政府工作报告》，物联网在中国受到了全社会极大的关注，其受关注程度是美国、欧盟以及其他各国不可比拟的。物联网的概念已经是一个"中国制造"的概念，它的覆盖范围与时俱进，已经超越了 1999 年 Ashton 教授和 2005 年 ITU 报告所指的范围，物联网已被贴上了"中国式"标签。

2010 年，发改委、工信部等部委会同有关部门，在新一代信息技术方面开展研究，以形成支持新一代信息技术的一些新的政策措施，从而推动我国经济的发展。

2012 年 2 月 14 日，工信部正式发布《物联网"十二五"发展规划》（简称《规划》）。"十二五"将重点培育 10 个产业聚集区和 100 个骨干企业，形成以产业聚集区为载体，以骨干企业为引领，专业特色鲜明、品牌形象突出、服务平台完备的现代产业集群。《规划》指出将在九大重点领域开展应用示范工程，力争实现规模化应用，九大重点领域分别是智能工业、智能农业、智慧物流、智能交通、智能电网、智能环保、智能安防、智慧医疗、智能家居。物联网将是下一个推动世界高速发展的"重要生产力"。

（二）物联网发展现状

1. 美国物联网发展现状

美国的很多大学在无线传感网方面已开展了大量工作，如加州大学洛杉矶分校的嵌入式网络感知中心实验室、无线集成网络传感器实验室、网络嵌入系统实验室等。国外的各大知名企业也都先后开展了无线传感网的研究。IBM 提出的"智慧地球"概念已上升至美国的国家战略。

2. 欧盟物联网发展现状

2009 年，欧盟委员会向欧盟议会、欧盟理事会、欧洲经济和社会委员会及地区委员会递交了《欧盟物联网行动计划》，以确保欧洲在建构物联网的过程中起主导作用。

3. 日本物联网发展现状

自 20 世纪 90 年代中期以来，日本政府相继制定了"e-Japan""u-Japan""i-Japan"等多项国家信息技术发展战略，从大规模开展信息基础设施建设入手，稳步推进，不断拓展和深化信息技术的应用，以此带动本国社会、经济发展。其中，日本的"u-Japan""i-Japan"战略与当前提出的物联网概念有许多共同之处。

4. 韩国物联网发展现状

韩国是目前全球宽带普及率最高的国家，它的移动通信、信息家电、数字内容等居世界前列。面对全球信息产业新一轮"u"化战略的政策动向，韩国制定了"u-Korea"战略。在具体实施过程中，韩国信通部推出 IT 839 战略以具体呼应"u-Korea"。

5. 中国物联网发展现状

在物联网这个全新产业中，我国的技术研发和产业化水平已经处于世界前列，政府主导、产学研相结合共同推动发展的良好态势正在中国形成。无锡传感网中心是国内目前研究物联网的核心单位。物联网在中国高校的研究，当前的聚焦点在北京邮电大学和南京邮电大学。作为"感知中国"的中心，无锡市在 2009 年 9 月与北京邮电大学就无线传感网技术研究和产业发展签署合作协议，标志中国"物联网"进入实际建设阶段。中国政府将采取四大措施支持电信运营企业开展物联网技术创新与应用。财政部首批 5 亿元物联网专项基金申报工作已启动，共有 600 多家企业申报。

（三）物联网应用及未来

物联网的应用前景非常广阔，涉及智能交通、环境保护、政府工作、公共安全、平安家居、智能消防、工业监测、环境监测、老人护理、个人健康、花卉栽培、水系监测、食品溯源、敌情侦查和情报搜集等多个领域。根据其实质用途，物联网可以归结为以下三种基本应用模式：

一是对象的智能标签。通过二维码、RFID 等技术标识特定的对象，用于区分对象个体，例如，在生活中使用的各种智能卡和条码标签，其基本用途是用来获得对象的识别信息。此外，通过智能标签还可以用于获得对象物品所包含的扩展信息，如智能卡上的金额余额、二维码中所包含的网址和名称等。

二是环境监控和对象跟踪。利用多种类型的传感器和分布广泛的无线传感网，实现对某个对象实时状态的获取和特定对象行为的监控。例如，使用分布在市区的各个噪音探头来监测噪声污染；通过二氧化碳传感器监控大气中二氧化碳的浓度；通过 GPS 标签跟踪车辆位置；通过交通路口的摄像头捕捉实时交通流量等。

三是对象的智能控制。物联网基于云计算平台和智能网络，可以依据传感器网络用获取的数据进行决策，改变对象的行为或进行控制和反馈。例如，根据光线的强弱调整路灯的亮度、根据车辆的流量自动调整红绿灯的时间间隔等。

到 2015 年，我国要在核心技术研发与产业化、关键标准研究与制定、产业链条建立与完善、重大应用示范与推广等方面取得显著成效，初步形成创新驱动、应用牵引、协同发展、安全可控的物联网发展格局。攻克一批物联网核心关键技术，在感知、传输、处理、应用等技术领域取得 500 项以上重要研究成果。研究和制定 200 项以上国家和行业标准。推动建设一批示范企业、重点实验室、工程中心等创新载体，为形成持续创新能力奠定基础。形成较为完善的物联网产业链，培育和发展 10 个产业聚集区、100 家以上骨干企业及一批"专、精、特、新"的中小企业，建设一批覆盖面广、支撑力强的公共服务平台，初步形成门类齐全、布局合理、结构优化的物联网产业体系。

根据 ITU 的描述，在物联网时代，人类在信息与通信世界里将获得一个新的沟通维度，从任何时间、任何地点的人与人之间的沟通连接扩展到人与物及物与物之间的沟通连接。

物联网前景非常广阔，它将极大地改变我们目前的生活方式。物联网把自然界拟人化了，万物成了人们的同类。在这个物物相联的世界中，物品（商品）能够彼此进行"交流"，而无需人为干预。可以说，物联网描绘的是充满智能的世界。

欧洲智能系统集成技术平台（EPOSS）在《Internet of Things in 2020》报告中分析预测，物联网的发展将经历四个阶段：即 2010 年之前 RFID 技术被广泛应用于物流、零售和制药领域；2010—2015 年实现物物互联；2015—2020 年实现物体进入半智能化；2020 年之后实现物体进入全智能化。

美国权威咨询机构 Forrester 预测，2020 年，世界上物物互联的业务和人与人通信的业务相比达到 30∶1，因此，"物联网"被称为是下一个万亿元级的通信业务。

第二节　物联网的体系架构

物联网是一个层次化的网络。物联网大致有 3 层，分别为感知层、网络层和应用层。物联网 3 个层次涉及的关键技术非常多，是典型的跨学科技术。物联网不是对现有技术的颠覆性革命，而是通过对现有技术的综合运用，实现全新的通信模式。同时，在对现有技术的融合中，物联网提出了对现有技术的改进和提升要求，并催生出新的技术体系。

一、物联网的基本组成

物联网的体系结构从下到上依次可以划分为感知层、网络层和应用层。在各层之间，信息不是单向传递的，也有交互或控制。在所传递的信息中，主要是物的信息，包括物的识别码、物的静态信息、物的动态信息等。

（一）感知层

物联网要实现物与物的通信，其中"物"的感知是非常重要的。感知层是物联网的感觉器官，用来识别物体、采集信息。

亚里士多德曾对"物"给出了解释："物"即存在。"物"能够在空间和时间上存在和移动，可以被辨别，一般可以通过事先分配的数字、名字或地址对"物"加以编码，然后加以辨识。在物联网中，"物"既包括电器设备和基础设施，如家电、计算机、建筑物等，也包括可感知的因素，如温度、湿度、光线等。

感知层利用最多的是 RFID、传感器、摄像头、GPS 等技术，感知层的目标是利用上述诸多技术形成对客观世界的全面感知。在感知层中，物联网的终端是多样性的，现实世界中越来越多的物理实体需要实现智能感知，这就涉及众多的技术层面。在与物联网终端相关的多种技术中，核心是要解决智能化、低功耗、低成本和小型化的问题。

（二）网络层

物联网当然离不开网络。物联网的价值主要在于网，而不在于物。网络层是物联网的神经系统，负责将感知层获取的信息进行处理和传输。网络层是一个庞大的网络体系，用于整合和运行整个物联网。网络层包括接入网与互联网的融合网络、网络管理中心和信息处理中心等。接入网有现在的移动通信网、有线电话网等，通过接入网能将信息传入互联网。网络管理中心和信息处理中心是实现以数据为中心的物联网中枢，用于存储、查询、分析和处理感知层获取的信息。

（三）应用层

物联网建设的目标是为用户提供更好的应用和服务体验。应用层形成了物联网的"社会分工"，这类似于人类社会的分工，每行每业都需要进行各自的物联网建设，以不同的应用目的完成各自"分工"的物联网。物联网结合行业需求，与行业专业技术进行深度融合，可以实现所有行业的智能化，进而实现整个世界的智能化，这也就是物联网的建设目的。

应用层是把感知和传输来的信息进行分析和处理，做出正确的控制和决策，解决信息处理和人机交互的问题。应用层主要基于软件技术和计算机技术来实现，这其中云计算作为海量数据存储和分析的平台，也是物联网的重要组成部分。

应用层可以为用户提供丰富的特定服务，它涵盖了国民经济和社会生活的每一个领域，包括制造领域、物流领域、医疗领域、身份识别领域、军事领域、交通领域、食品领域、防伪安全领域、资产管理领域、图书领域、动物领域、农业领域、电力管理领域、电子支付领域、环境监测领域、智能家居领域等。应用层的不断开发将会带动物联网技术的研发，带给物联网产业丰厚的利润，最终带来物联网的普及。

二、感知层

物联网与传统网络的主要区别在于，物联网扩大了传统网络的通信范围。物联网不仅局限于人与人之间的网络通信，还将网络的触角伸到了物体之上。感知层在物联网的实现过程中，用于完成物体信息全面感知的问题，与传统网络相比，体现出了"物"的特色。也就是说，物联网中的"物"是通过感知层来实现的。

（一）感知层功能

感知层主要解决人类社会和物理世界数据获取和数据收集的问题，用于完成信息的采集、转换、收集和整理。感知层主要包含两个主要部分，其一是用于数据采集和最终控制的终端装置，这些终端装置主要由电子标签和传感器等构成，负责完成信息获取的问题；其二是信息的短距离传输，这些短距离传输网络负责收集终端装置采集的信息，并负责将信息在终端装置和网关之间双向传送。实际上，感知层信息获取、信息短距离传输这两个部分有时交织在一起，同时发生，同时完成，很难明确区分。

1. 信息获取

首先，信息获取与物品的标识符相关。为了有效地收集信息，感知层需要给物联网中的每一个"物"都分配唯一的标识符，这样"物"的身份可以通过标识符来加以确定和辨识，解决信息归属于哪一个"物"的问题。

其次，信息获取与数据采集技术相关。数据采集技术主要有自动识别技术和传感技术。自动识别技术用于自动识别物体，其应用一定的识别装置，通过被识别物品和识别装置之间的接近活动，自动获取被识别物品的相关信息。传感器技术用于感知物体，其通过在物体上植入各种微型感应芯片使其智能化，这样任何物体都可以变得"有感觉、有思想"，如可以感觉周围的温度等。

2. 信息短距离传输

信息短距离传输是指收集终端装置采集的信息，并负责将信息在终端装置和网关之间双向传送。这里需要强调的是，信息短距离传输与信息获取这两个过程有时同时发生，感知层很难明确区分这两个过程。

信息短距离传输与自组织网络、近距离无线通信技术、红外和工业现场总线等相关。例如，传感网属于自组织网络，蓝牙和 ZigBee 属于短距离无线通信技术。

（二）物品标识与数据采集

1. 标识符

在信息系统中给不同物体以不同的标识，对信息的收集意义重大。物联网中的标识符应该能够反映每个单独个体的特征、历史、分类、归属等信息，应该具有唯一性、一致性和长期性，不会随物体位置的改变而改变，不会随连接网络的改变而改变。另外，由于现在已经存在许多标识符，因此将来的技术必须支持现存的标识符，必须是现存标识符的扩展。

现在许多领域已经开始给物体分配唯一的标识符。例如，EPC 系统已经开始给全球物品分配唯一的标识符。物联网起源于 EPC 系统，EPC 系统提供了一个编码体系，全球每一个物品都可以获得 EPC 系统的一个编码。正是因为 EPC 系统重视物品的编码体系，其编码容量可以满足全球任何物品的需求，并且 EPC 的编码体系可以支持现存的条码编码体系，EPC 系统才引起全球的关注，成为最成功的物联网商业模式之一。

物联网的标识符应该具有如下特点。

（1）有足够大的地址空间

物联网标识符的地址空间应该足够大，容量可以满足全球物品的需求。例如，早期的商品识别可以采用条码，但随着商品数量的增多，条码的容量不够，满足不了现实社会的需求，因此出现了 EPC 码，EPC 的编码容量非常大，可以给全球每一个物品进行编码。这与互联网相似，在互联网中 IPv4 网络地址资源有限，不得不向 IPv6 演进。

（2）标识符的唯一性

标识符应该具有组织保证，由各国、各管理机构、各使用者共同制定管理制度，实行全球分段管理、共同维护、统一应用，保证标识符的唯一性。

（3）标识符的永久性

一般的实体对象有使用周期，但标识符的使用周期应该是永久的。标识符一经分配，就不应再改，应该是终身的。当此物品不存在时，其对应的标识符只能搁置起来，不得重复使用或分配给其他的物品。

（3）标识符的简单性

标识符的编码方案应该很简单。以往的编码方案很少能被全球各国和各行业广泛采用，原因之一是编码复杂导致不适用。

（4）标识符的可扩展和兼容性

标识符应该支持现存的物品编码体系，同时留有备用的空间，具有可扩展性，从而确保标识符的系统升级和可持续发展。

（5）标识符的简洁性

标识符内嵌的信息应最小化，应尽最大可能降低标识符的成本，保证标识符的简洁性。标识符应该是一个信息的引用者，要充分利用现有的计算机网络和当前的信息资源来存储物品的数据信息，通过标识符可以在网络上找到该物品的信息。标识符就如在互联网中使用 IP 地址来标识、组织和通信一样，IP 地址标识的后台储存了与标题相关的信息。

2. 数据采集

在我们现实生活中，各种各样的活动或者事件都会产生这样或者那样的数据，这些数据包括人的和物质的，这些数据的采集对于生产或者生活的决策是十分重要的。数据的采集对于决策的正确制定提供了参考依据，如果没有这些实际数据的支持，生产或者生活的决策就将缺乏现实基础。数据采集主要有两种方式，一种是利用自动识别技术进行物体信息的数据采集，一种是利用传感器技术进行物体信息的数据采集。

（1）自动识别技术

自动识别技术是一种高度自动化的信息与数据采集技术。自动识别技术就是应用一定的识别装置，通过被识别物品和识别装置之间的接近活动，自动地获取被识别物品的相关信息，并提供给后台的计算机处理系统来完成相关后续处理的一种技术。自动识别技术是以计算机技术和通信技术为基础发展起来的综合性技术，它是信息数据自动识读、自动输入计算机网络系统的重要方法和手段。

自动识别技术近几十年在全球范围内得到了迅猛发展，形成了一个包括条码技术、磁卡技术、IC 卡技术、射频识别技术、光学字符识别、声音识别及视觉识别等集计算机、光、磁、无线、物理、机电、通信技术为一体的高新技术学科。

例如，商场的条形码扫描系统就是一种典型的自动识别系统。售货员通过扫描仪扫描商品的条码，获取商品的名称和价格，后台 POS 系统通过计算可以算出商品的价格，从而完成对顾客商品的结算。当然，顾客也可以采用银行卡支付的形式进行支付，银行卡支付过程本身也是自动识别技术的一种应用形式。

在物联网中，最重要的自动识别技术是射频识别（RFID）技术。RFID 通过无线射频信号自动识别目标对象并获取相关数据，是一种非接触式的自动识别技术。与其他自动识别技术相比，RFID 以特有的无接触、抗干扰能力强、可同时识别多个物品等优点，逐渐成为自动识别中最优秀和应用领域最广泛的技术。

物联网起源于 EPC 系统，EPC 系统就来源于射频识别领域。EPC 系统建立在物品编码、射频识别和互联网的基础之上，已经形成了射频识别标准体系，是目前全球最大的物联网应用体系。EPC 系统得到了沃尔玛、可口可乐、宝洁等 100 多个国际大公司的支持，中国物品编码中心（ANCC）也积极参与到 EPC 的推广中来。EPC 的目标是在全球构筑物联网，通过整合现有信息技术和信息系统，为商品追踪、供应链监管和运作管理提供服务，可提高供应链上贸易单元信息的透明度与可视性，实现全球贸易的实时跟踪。

（2）传感器技术

在利用信息的过程中，首先要解决的就是要获取准确可靠的信息，而传感器是获取自然和生产领域准确可靠信息的主要途径与手段。传感器是一种物理装置或生物器官，能够探测、感受外界的信号、物理条件（如光、热、湿度）或化学组成（如烟雾），并将探知的信息传递给其他装置或器官。人为了从外界获取信息，必须借助于感觉器官。而单靠人自身的感觉器官来研究自然现象和生产规律，显然是远远不够的。可以说，传感器是人类感觉器官的延长，因此传感器又称为电五官。

传感器的应用在现实生活中随处可见。自动门是利用人体的红外波来开关门；烟雾报警器是利用烟敏电阻来测量烟雾浓度；手机和数码相机是利用光学传感器来捕获图像；电子秤是利用力学传感器来测量物体的重量。此外，水位报警、温度报警、湿度报警、光学报警等也需要传感器来完成。

目前，传感器已经渗透到工业生产、宇宙开发、海洋探测、环境保护、资源调查、医学诊断、生物工程等各个领域。从茫茫的太空到浩瀚的海洋，几乎每一个现代化项目都离不开各种各样的传感器。传感器可以监视和控制生产和生活过程中的各个参数，使设备工作在正常状态或最佳状态，使人的生活达到最好的质量。

随着物联网时代的到来，世界开始进入"物"的信息时代，"物"的准确信息的获取，同样离不开传感器。传感器不仅可以单独使用，还可以由传感器、数据处理单元和通信单元的微小节点构成传感网。借助于节点中内置的传感器，传感网可以探测包括温度、湿度、噪声、光强度、压力、土壤成分、移动物体的大小、速度和方向等各种物质现象。

（三）自组织网络

自从无线网络产生后，它的发展十分迅速。目前，无线移动网络主要有两种：第一种是基于网络基础设施的网络，这种网络的典型应用为无线局域网（WLAN）；第二种是无网络基础设施的网络，一般称为自组织网络（Ad hoc）。自组织网络没有固定的路由器，网络中的节点可随意移动，并能以任意方式相互通信。

1. 移动自组织网络

移动自组织网络是一种分布式网络。移动自组织网络是一种自治、多跳网络，整个网络没有固定的基础设施，能够在不能利用或者不便利用现有网络基础设施（如基站、无线接入点）的情况下，提供终端之间的相互通信。

移动自组织网络是一种临时性的多跳自治系统，它的原型是美国早在 1968 年建立的 ALOHA 网络和之后于 1973 提出的 PR（Packet Radio）网络。ALOHA 网络需要固定的基站，网络中的每一个节点都必须和其他所有节点直接连接才能互相通信，是一种单跳网络。直到 PR 网络才出现了真正意义上的多跳网络，网络中的各个节点不需要直接连接，而是能够通过中继的方式，在两个距离很远而无法直接通信的节点之间传送信息。IEEE 在开发 802.11 标准时，提出将 PR 网络改名为 Ad hoc 网络，也即今天我们常说的移动自组织网络。

2. 无线传感器网络

无线传感器网络（Wireless Sensor Network，WSN）就是一种自组织网络。无线传感器网络由随机部署在监测区域内的大量传感器节点组成，通过无线通信方式形成一个多跳自组织网络。

无线传感器网络是一种全新的信息获取平台，能够实时监测和采集网络分布区域内各种目标对象的信息，具有快速展开、抗毁性强等特点。以环境监测为例，随着人们对环境问题的关注程度越来越高，需要采集的环境数据也越来越多，无线传感器网络的出现不仅为环境随机性研究数据的获取提供了便利，还可以避免传统数据收集方式给环境带来的侵入式破坏。比如，英特尔实验室的研究人员曾经将 32 个小型传感器连进互联网，以读出美国缅因州"大鸭岛"上的气候，此项实验用来评价一种海燕巢的环境条件。

无线传感器网络拥有众多类型的传感器，可以探测包括地震、电磁、温度、湿度、噪声、光强度、压力、土壤成分等周边环境中多种多样的现象，可以应用在军事、航空、反恐、防爆、救灾、环境、医疗、保健、家居、工业、商业等众多领域。

无线传感器网络是物联网的重要组成部分，将带来信息感知的一场变革。虽然无线传感器网络还没有大规模商业应用，但是最近几年随着成本的下降以及微处理器体积越来越小，为数不少的无线传感器网络已经开始投入使用。例如，无线传感器网络已经用于跟踪候鸟和昆虫的迁移，研究环境变化对农作物的影响，监测海洋、大气和土壤的成分等。此外，无线传感器网络也可以应用在精细农业中，用来监测农作物中的害虫、土壤的酸碱度和施肥的状况等。

3. 无线传感器网络与互联网的连接

无线传感器网络采集的信息需要上传给互联网，以实现数据的远程传输。无线传感器网络中的传感器节点检测出数据，该数据沿着其他节点"逐跳"地进行传输，其传输过程可能通过多个节点处理，经过多跳后达到汇聚节点，最后通过互联网或其他网络，信息到达用户远程管理终端。

（四）信息短距离传输

感知层通过自动识别技术和传感器技术等获取的信息，需要进行短距离传输，以使信息采集点的装置协同工作，或使已采集的信息传递到网关设备。这里需要说明的是，信息短距离传输既可能发生在数据采集之后，也可能发生在数据采集的过程中。

信息短距离传输有多种方式，包括 ZigBee 技术、蓝牙（Bluetooth）技术、RFID（Radio Frequency Identification）技术、IrDA（Infrared Data Association）技术、NFC（Near Field Communication）技术、UWB（Ultra Wide band）技术等。在上述信息短距离传输的方式中，IrDA 属于红外通信技术，其余都属于射频/微波无线通信技术。

ZigBee 技术是一种近距离无线组网通信技术，在物联网的感知层中发挥着重要作用。ZigBee 技术的特点是近距离、低复杂度、自组织、低功耗、低数据速率、低成本，可以嵌入各种设备，主要用于近距离无线连接。例如，ZigBee 技术可以实现在数千个微小的传感器之间相互协调实现通信，这些传感器只需要很少的能量，以接力的方式通过无线电波将数据从一个网络节点传到另一个节点。此外，ZigBee 技术还应用在 PC 外设（鼠标、键盘、游戏操纵杆）、家用电器（电视和 DVD 的遥控设备）、医疗监控等领域。

蓝牙是一种支持设备短距离通信（一般 10m 内）的无线技术，它抛开了传统连线的束缚，是一种电缆替代技术。在物联网感知层中，蓝牙主要用于数据的接入。蓝牙是一种无线数据与语音通信的开放性全球规范，它以低成本、近距离无线连接为基础，为固定与移动通信环境建立一个特别的连接，有效地简化了移动通信的终端设备，也简化了设备与互联网之间的通信，使数据传输变得更加迅速高效，为无线通信拓宽了道路。

RFID 通过无线电波进行数据的传递，用射频信号自动识别目标对象，是一种非接触式的自动识别技术。RFID 以电子标签来标志某个物体，电子标签内存储着物体的数据，电子标签通过无线电波将物体的数据发送到附近的读写器，读写器对接收到的数据进行收集和处理。RFID 主要工作在高频和超高频频段，其中高频频段电子标签与读写器相距几厘米，超高频频段电子标签与读写器相距几米到几十米。

IrDA 是红外数据组织（Infrared Data Association）的简称，目前广泛采用的 IrDA 红外连接技术就是由该组织提出的。红外线的频率高于微波而低于可见光，适合应用在需要短距离无线通信的场合，进行点对点的直线数据传输。红外通信有着成本低廉、连接方便、简单易用和结构紧凑的特点，在小型的移动设备中获得了广泛的应用，主要使用在笔记本电脑、掌上电脑、机顶盒、游戏机、移动电话、计算器、寻呼机、仪器仪表、MP3 播放机、数码相机、打印机等设备中。尽管现在有同样是近距离无线通信的蓝牙技术，但红外通信技术以成本低廉和兼容性的优势，在短距离数据通信领域依旧扮演着重要的角色。

三、网络层

物联网是网络的一种形式，物联网的主要价值在于"网"，而不在于"物"。感知只是物联网的第一步，如果没有一个庞大的网络体系，感知的信息就不能得到管理和整合，物联网也就失去了意义。网络层是物联网的神经系统，物联网要实现物与物、人与物之间的全面通信，就必须在终端和网络之间开展协同，建立一个端到端的全局网络。

（一）网络层功能

物联网的网络层是在现有的网络和互联网基础上建立起来的。网络层与目前主流的移动通信网、互联网、企业内部网、各类专网等网络一样，主要承担着数据传输的功能。此外，当三网融合后，有线电视网也能承担数据传输的功能；在智能电网中，电力网也能承担数据传输的功能。

物联网的概念分广义和狭义两个方面。狭义来讲，由于广域通信网络在物联网发展早期的缺位，早期的物联网就是物品之间通过自动识别技术或传感器技术连接起来的局域网。广义来讲，物联网发展的目标是实现任何人、任何时间、任何地点与其他任何人、任何物的信息交换，未来的物联网所有终端必须接入互联网，建立端到端的全局网络。

物联网的网络层包括接入网和核心网。接入网是指骨干网络到用户终端之间的所有设备，其长度一般为几百米到几公里，因而被形象地称为"最后一公里"。接入网的接入方式包括铜线接入、光纤接入、光纤同轴电缆混合接入、无线接入、以太网接入等多种方式。核心网通常是指除接入网和用户驻地网之外的网络部分。核心网是基于 IP 的统一、高性能、可扩展的分组网络，支持移动性以及异构接入。

物联网的终端是多种多样的，随着物联网应用的不断扩大，网络层要以多种方式提供广泛的互通互连。物联网的接入应该是一个泛在化的接入、异构的接入，物体随时随地都可以上网，这要求接入网络具有覆盖范围广、建设成本低、部署方便、具备移动性等特点，因此无线接入网将是物联网网络层的主要接入方式。

目前，电信网络和互联网络长距离的基础设施在很大程度上是重合的，核心网络作为融合的基础承载网络将长期服务于物联网。核心网络应使整个网络的处理能力不断提升，使业务和应用达到一个更高的层次。

（二）接入网

宽带、移动、融合、智能化、泛在化是整个信息通信网络的发展趋势，物联网要满足未来不同的信息化应用，在接入层面需要考虑多种异构网络的融合与协同。物联网中任何节点都要实现泛在互连，在基础性网络构建的公共通信平台上，实现终端的多样化、业务的多样化、接入方式的多样化，将感知层感知到的信息无障碍、高可靠性地接入网络。

传统的接入网主要以铜缆的形式为用户提供一般的语音业务和数据业务。随着网络的不断发展，出现了一系列新的接入网技术，包括无线接入技术、光纤接入技术、同轴接入技术、电力网接入技术等。

1. 无线接入技术

无线接入技术采用微波、卫星、无线蜂窝等无线传输技术，能够实现多个分散用户的业务接入。无线接入技术通过无线介质将终端与网络节点连接起来，以实现用户与网络之间的信息传递，具有建设速度快、设备安装灵活、成本低、使用方便等特点。考虑到终端连接的方便性、信息基础设施的可用性（不是所有地方都有固定接入能力）、监控目标的移动性，在物联网中无线接入技术已经成为最重要的接入手段。

物联网要求物体的信息可靠传送。"可靠传送"就是利用网络的"神经末梢"，将物体的信息接入互联网，它将带来互联网的扩展，网络将无处不在。在技术方面，建设"无处不在的网络"，不仅要依靠有线网络的发展，更要积极发展无线网络。目前，最常用的无线接入有 3G、Wi-Fi、WiMAX 等，它们是组成"网络无处不在"的重要技术。

（1）3G

第五代（5rd-generation，5G）移动通信技术是指支持高速数据传输的蜂窝移动通信技术。相对第三代（3G）模拟移动通信和第四代（4G）GSM、CDMA 等数字移动通信，第五代（5G）移动通信的代表特征是提供高速数据业务。第五代 5G 移动通信将无线通信与互联网结合起来，使网络的移动化成为现实，是物联网将物体信息接入互联网的重要平台。

我国正在实施的车联网，就是 5G 在物联网中的具体应用。汽车移动物联网（车联网）是我国最大的物联网应用模式之一，计 2020 年可控车辆规模达 2 亿，2020 年以后我国的汽车将实现"全面的互连互通"状态。车联网是指装载在车辆上的电子标签通过无线射频等技术，实现在信息网络平台上对所有车辆的属性信息和静、动态信息进行提取和有效利用，并根据不同的需求对所有车辆进行有效地监管，从而提高汽车交通综合服务的质量。车联网需要汽车与网络的连接，要求有一张全国性的网络，覆盖所有汽车能够到达的地方，保证 24h 在线，实现语音、图像、数据等多种信息的传输。目前，我国 3 大电信运营商（中国电信、中国移动、中国联通）都已经建成了覆盖全国的基础通信网，特别是 3 大电信运营商 5G 网络的建设，提供了宽带化的无线信息传输通道，可以实现全国范围内的无线漫游，这为车联网的建设提供了坚实的网络基础。

（2）Wi-Fi

Wi-Fi 全称为 Wireless Fidelity（无线保真技术），是一种可以将 PC、手持设备（如 PDA、手机）等终端以无线方式互相连接的技术。Wi-Fi 为用户提供了无线的宽带互联网访问，是在家里、办公室或在旅途中上网的快速、便捷的途径。Wi-Fi 的主要特性为可靠性高、通信距离远、速度快，通信距离可达几百米，速度可达 54Mbit/s，方便与现有的有线以太网络整合，组网的成本非常低。

Wi-Fi 热点是通过在互联网连接上安装访问点来创建的。以前通过网线连接的计算机，在 Wi-Fi 热点可以通过无线电波来连网。当一台支持 Wi-Fi 的设备（如 PC）遇到一个 Wi-Fi 热点时，这个设备可以用无线的方式连接到那个网络。目前，大部分 Wi-Fi 热点都位于供大众访问的地方，如机场、咖啡店、旅馆、书店、校园等，此外许多家庭、办公室、小型企业也拥有 Wi-Fi 网络。

Wi-Fi 与蓝牙一样，同属于短距离无线技术。虽然在数据安全性方面，Wi-Fi 技术比蓝牙技术要差一些，但是在电波的覆盖范围方面，Wi-Fi 技术比蓝牙技术则要略胜一筹。Wi-Fi 的可达范围不仅可以覆盖一个办公室，而且小一点的整栋大楼也可以覆盖，因此 Wi-Fi 一直是企业实现自己无线局域网所青睐的技术。

（3）WiMAX

WiMAX 全称为 Worldwide Interoperability for Microwave Access（全球微波互连接入），是一项新兴的宽带无线接入技术，能提供面向互联网的高速连接。WiMAX 数据传输距离最远可达 50km，并且具有质量（QOS）保障、传输速率高、业务丰富等多种优点。WiMAX 的技术起点较高，采用了代表未来通信技术发展方向的各种先进技术。随着技术标准的发展，WiMAX 将逐步实现宽带业务的移动化，而 3G 则实现移动业务的宽带化，未来两种网络的融合程度会越来越高。

2. 铜缆接入技术

发展铜缆新技术，充分利用双绞线，是电信界始终关注的热点。当前用户接入网主要是由多个双绞线构成的铜缆组成，怎样发挥其效益，并尽可能满足多项新业务的需求，是用户接入网发展的主要课题，也是电信运营商应付竞争、降低成本、增加收入的主要手段。所谓铜线接入技术，是指在非加感的用户线上，采用先进的数字处理技术来提高双绞线的传输容量，向用户提供各种业务的技术。目前铜缆接入主要采用高比特率数字用户线（HDSL）、不对称数字用户线（ADSL）、甚高数据速率用户线（VDSL）等技术。

3. 光纤接入技术和同轴接入技术

光纤接入技术是一种光纤到楼、光纤到路边、以太网到用户的接入方式，它为用户提供了可靠性很高的宽带保证，真正实现了千兆到小区、百兆到楼单元和十兆到家庭，并随着宽带需求的进一步增长，可平滑升级为百兆到家庭而不用重新布线。

混合光纤/同轴网（Hybrid Fiber Coax，HFC）也是一种宽带接入技术，它的主干网使用光纤，分配网则采用同轴电缆系统，用于传输和分配用户信息。HFC 是将光纤逐渐推向用户的一种新的、经济的演进策略，可实现多媒体通信和交互式业务。

4. 电力网接入技术

目前在家庭宽带接入市场上，主要是由电信公司和有线电视公司所占据，但业界一直将电力网作为宽带接入的潜在竞争对手。到目前为止，由于成本较高及技术上的原因，多数电力公司对电网宽带接入业务并没有表现出强烈兴趣。如何在技术层面上进一步提高电力网接入技术，是今后需要加以解决的问题。

电力网接入技术利用电力线路为物理介质，可将遍布在住宅各个角落的信息家电连为一体，不用额外的布线，就可与家中的计算机连接起来，组建家庭局域网。电力网接入技术可以为用户提供高速的互联网访问服务、语音服务、从而为用户上网和打电话增加了新的选择。电力网接入技术通过与控制技术的结合，可以在现有基础上实现"智能家庭"，实现远程水、电、气等的自动抄表，一张收费单就可以解决用户生活中的所有收费项目。

（三）互联网

互联网是由多个计算机网络按照一定的协议组成的国际计算机网络。互联网可以是任何分离的实体网络之集合，是"连接网络的网络"。互联网提供全球信息的互通与互连，人们在互联网上可以共同娱乐、共同完成一项工作。

1. 互联网的定义

1995 年 10 月 24 日，联合网络委员会（The Federal Networking Council，FNC）通过了一项关于"互联网定义"的决议。联合网络委员会认为，下述语言反映了对"互联网"这个词的定义。

①通过全球唯一的网络逻辑地址，在网络媒介的基础上逻辑地链接在一起。这个地址是建立在"互联网协议（IP）"或今后其他协议基础之上的。

②可以通过"传输控制协议和互联网协议（TCP/IP）"，或者今后其他接替的协议或与"互联网协议（IP）"兼容的协议来进行通信。

③让公共用户或者私人用户享受现代计算机信息技术带来的高水平、全方位的服务，这种服务是建立在上述通信及相关的基础设施之上的。

这是联合网络委员会从技术的角度来定义互联网。这个定义至少揭示了 3 个方面的内容：首先，互联网是全球性的；其次，互联网上的每一台主机都需要有"地址"；最后，这些主机必须按照共同的规则（协议）连接在一起。

2. 计算机网络的组成

互联网是由计算机网络相互连接而成。计算机网络要完成数据处理和数据通信两大功能，因此在结构上可以分成两个部分：负责数据处理的主计算机与终端；负责数据通信处理的通信控制处理设备与通信线路。从计算机网络组成的角度来看，典型的计算机网络从逻辑上可以分为两部分：资源子网和通信子网。

（1）资源子网

资源子网由主计算机系统、终端、连网外部设备、各种信息资源等组成。资源子网负责全网的数据处理业务，负责向网络用户提供各种网络资源和网络服务。

主计算机系统简称为主机，它可以是大型机、中型机、小型机、工作站或微型计算机。主机是资源子网的主要组成单元，它通过高速通信线路与通信子网的控制处理机相连接。普通用户终端通过主机接入网内，主机要为本地用户访问网络上的其他主机设备与资源提供服务，同时要为网中远程用户共享本地资源提供服务。

（2）通信子网

通信子网由一些专用的通信控制处理机和连接它们的通信线路组成，完成网络数据传输、转发等通信处理的任务。

通信控制处理机是指交换机、路由器等通信设备，这些通信设备在网络拓扑结构中被称为网络节点，通常扮演中转站的角色。通信控制处理机一方面作为与资源子网的主机、终端连接的接口，将主机与终端连入网中；另一方面，作为通信子网的分组存储转发节点，完成分组的接收、校验、存储、转发等功能，实现将源主机报文准确发送到目的主机的作用。

通信线路为通信控制处理机与通信控制处理机、通信控制处理机与主机之间提供通信信道。计算机网络采用多种通信线路，如电话线、双绞线、同轴电缆、光缆、无线通信信道（如微波与卫星通信信道）等。

（3）网络协议

网络协议是指通信双方通过网络进行通信和数据交换时必须遵守的规则、标准或者约定。这些网络协议用于控制主机与主机、主机与通信子网或通信子网中各节点之间的通信。

3. 互联网的基本功能

互联网数据通信能力强，网上的计算机是相对独立的，它们各自相互联系又相互独立。互联网的功能主要有 3 个：数据通信、资源共享和分布处理。

（1）数据通信

数据通信是计算机最基本的功能，能够实现快速传送计算机与终端、计算机与计算机之间的各种信息，如文字信息、新闻信息、咨询信息、图片资料、报纸版面等。利用数据通信的功能，互联网可实现将分散在各地的计算机或终端用网络联系起来，进行统一的调配、控制和管理。

（2）资源共享

"资源"是指网络中所有的软件资源、硬件资源、数据资源和通信信道资源。"共享"是指网络中用户都能够部分或者全部享受这些资源，"共享"可以理解为共同享受、共同拥有的意思。例如，某单位或部门的数据库可供局域网上的用户使用；某些网站上的应用软件可供全世界网络用户免费下载；一些外部设备，如打印机、光盘可面向所有网络用户，使不具备这些设备的计算机也能使用这些硬件设备。如果不能实现资源共享，则所有用户都需要有一套完整的软件资源、硬件资源和数据资源，这将大大增加系统的投资费用。

计算机互联网络的目的就是实现网络资源共享。除一些特殊性质的资源外，各种网络资源都不应该由某一个用户独占。对于网络的各种共享资源，可以按照资源的性质分成 4 大类别，即硬件资源共享、软件资源共享、数据资源共享和通信信道资源共享。

硬件资源共享是网络用户对网络系统中各种硬件资源的共享，如存储设备、输入输出设备等。共享硬件资源的目的就是程序和数据都存放在由网络提供的共享硬件资源上。软件资源共享是网络用户对网络中各种软件资源的共享，如主计算机的各种应用软件、工具软件、系统开发用的支撑软件、语言处理程序等。数据资源共享是网络用户对网络系统中各种数据资源的共享。通信信道共享包括固定分配信道的共享、随机分配信道的共享和排队分配信道的共享 3 种方式。

（3）分布处理

当某台计算机负担过重，或该计算机正在处理某个进程又接收到用户新的进程申请时，网络可将新的进程任务交给网络中空闲的计算机来完成，这样处理能均衡各计算机的负担，提高网络处理问题的实时性。

对于大型综合问题，可将问题的各部分交给不同的计算机并行处理，这样可以充分利用网络的资源，提高计算机的综合处理能力，增强实用性。对解决复杂问题来讲，多台计算机联合使用可以构成高性能的计算机体系，这种协同工作、并行处理，比单独购置一台高性能的大型计算机要便宜得多。

4. 计算机网络的体系结构

计算机网络通信是一个十分复杂的过程，涉及太多的技术问题。如果把计算机网络看成一个整体来研究，那么理解它的处理过程会感到非常困难。为了将庞大而复杂的问题转化为易于研究和处理的局部问题，计算机网络研究采用了层次结构，把整个网络通信划分为一系列的层，各层及其规范的集合就构成了网络体系结构。计算机网络的每个分层只与它的上下层进行联系，而每一层只负责网络通信的一个特定部分，完成相对独立的功能。

（1）OSI 参考模型

为了解决不同网络之间互不兼容和不能相互通信的问题，国际标准化组织（International Organization for Standardization，ISO）成立了计算机与信息处理标准化技术委员会，经过多年的努力，ISO 正式制定了开放系统互连（Open System Interconnection，OSI）参考模型。

ISO 推出的参考模型采用了七层结构，每一层都规定了功能、要求、技术特性等，但没有规定具体实现方法。该体系结构在七层框架下详细规定了每一层的功能，以实现开放系统环境中的互连性（interconnection）、互操作性（inter operation）和应用的可移植性（portability）。虽然没有哪个产品完全实现了 OSI 参考模型，但是该模型是目前帮助人们认识和理解计算机网络通信过程的最好工具。

（2）TCP/IP

在 ISO/OSI 参考模式的制定过程中，TCP/IP 已经成熟并开始应用。ARPANET（阿帕网）是互联网的前身，早在 ARPANET 的实验性阶段，研究人员就开始了 TCP/IP 雏形的研究。TCP/IP 的成功促进了互联网的发展，互联网的发展又进一步扩大了 TCP/IP 的影响，TCP/IP 已经成为建立互联网架构的技术基础。目前 TCP/IP 因简洁、实用而得到了广泛的应用，已成为事实上的工业标准和国际标准。

TCP/IP 是一种异构网络环境的网络互联协议，其目的在于实现各种异构网络之间的互连通信。TCP/IP 是一组通信协议的代名词，是一组由通信协议组成的协议集，也采用分层通信结构。

TCP/IP 参考模型是为 TCP/IP 量身制作的分层模型，在这个模型中，归类为 4 个层次，这 4 个层次分别是应用层（Application Layer）、传输层（Transport Layer）、网际层（Internet Layer）和网络接口层（Network Interface Layer）。

5. 基于 Web 技术的互联网应用

Web 服务是互联网使用最方便、最受用户欢迎的服务方式，已广泛应用于电子商务、远程教育、远程医疗等领域，物联网的信息发布服务也使用 Web 服务，Web 服务的影响力已远远超过了技术应用的范畴。

Web 是一种典型的分布式应用结构，主要表现为 3 种形式，即超文本（hypertext）、超媒体（hypermedia）、超文本传输协议（HTTP）。Web应用中的每一次信息交换都要涉及客户端和服务端，关于客户端与服务器的通信问题，一个完美的解决方法是使用HTTP来通信，这是因为任何运行Web浏览器的机器都在使用HTTP。

作为运行在Web上的应用软件，搜索引擎和电子邮件是Web的两大应用。搜索引擎是一种运行在Web上的应用软件系统，它接受用户提出的信息需求，并试图在有限的时间内，为用户提供与需求最相关的信息。Web技术的出现，使互联网变为一种广泛使用的信息交互工具，使网站的数量和网络通信量呈指数规律增长。

四、应用层

应用层是用户直接使用的各种应用，是物联网发展的目的。现在有观点甚至认为，从技术特征来看，物联网本身就是一种应用，可见应用在物联网中的地位。物联网最终的目的，就是要把"感知层感知到的信息"和"网络层传输来的信息"更好地加以利用，在各行各业全面应用物联网。

应用层主要基于软件技术和计算机技术来实现，用于完成数据的管理和数据的处理。这些数据与各行各业的应用相结合，将实现所有行业的智能化，进而实现整个地球的智能化，这也就是我们所期望的"智慧地球"。

（一）应用层功能

物联网应用层解决的是信息处理和人机交互的问题，网络层传输而来的数据在这一层进入各行各业、各种类型的信息处理系统，并通过各种设备与人进行交互。应用层主要由两个子层构成，其一是物联网中间件，其二是物联网应用场景，各种各样的物联网应用场景通过物联网中间件接入网络层。

物联网中间件是一种软件，用于进行各种数据的处理。物联网中间件包括一组服务，以便于运行在一台或多台机器上的多个软件通过网络进行交互。物联网中间件能够管理计算机资源和网络通信，相互连接的系统即使具有不同的接口，通过中间件仍能交换信息。

物联网应用场景是指物联网的各种应用系统，物联网最终将面向工业、农业、医疗、个人服务等各种应用场景，实现各行各业的应用。物联网的应用系统提供人机接口，不过这里的人机界面已经远远超过了人与计算机交互的概念，而是泛指与应用程序相连的各种设备与人的交互。物联网虽然是"物物相连的网络"，但最终还是要以人为本，提供人机接口，实现"人"对"机"的操作与控制。

应用层主要基于软件技术和智能终端来实现，这其中云计算是不可或缺的重要组成部分。云计算作为一种虚拟化的硬件、软件解决方案，可以为物联网提供无所不在的信息处理能力，用户通过云计算可以获得订购的应用服务。

（二）物联网中间件

中间件是一种独立的系统软件，处于操作系统与应用程序之间，总的作用是为处于自己上层的应用软件提供运行和开发的环境，屏蔽底层操作系统的复杂性，使程序设计者面对简单而统一的开发环境，减轻应用软件开发者的负担。

物联网中间件是一个基础的"管理"平台，可以提供数据管理、通信管理和设备管理等。同时，物联网中间件也是一个具备各种"能力"的平台，如具有定位能力、短信能力等。

在物联网应用的早期，用户往往结合自己应用系统的要求，找系统集成商单独开发软件，以完成本系统基本的"管理"和"能力"需求。由于各个用户需要实现的功能各不相同，软件开发也各不相同，开发周期往往较长，需求满足的程度难以保障，后续服务取决于系统集成商的服务能力，服务质量得不到保证。

在理想模式下，物联网中间件应该成为一个公共的服务资源系统。物联网中间件应该是物联网的基础设施之一，它通过标准的接口提供服务，并由专业机构提供运营维护和服务保障。用户基于物联网中间件，不但能够获得标准化的服务，而且系统集成和部署的时间短，后续服务能够保证。

目前 IBM、Microsoft、BEA、Reva 等公司都提供物联网中间件产品，这些中间件对建立物联网的应用体系进行了尝试，为物联网将来的大规模应用提供了支撑。

（三）物联网应用场景

1. 国际电信联盟 ITU 对物联网应用场景的描写

2005 年，国际电信联盟在《ITU 互联网报告 2005：物联网》中全面而透彻地分析了物联网。报告共分七个章节，其中第六章是对物联网应用场景的描写，该章以"2020 年一天的生活"为题，描写了物联网的美好前景。

物联网对未来的居民有什么特别的意义呢？让我们想象一下 2020 年一位居住在西班牙的 23 岁学生 Rosa 一天的生活吧。

Rosa 刚刚结束和男友的争吵，需要一段时间自己一个人静一静。她打算开自己的智能 Toyota 汽车到法国 Alps，并在一个滑雪胜地度过周末。但是好像她得在汽修厂停留一会儿了，她的爱车依法安装的 RFID 发出告警，警告她轮胎可能出现故障。当她驾车经过她喜爱的汽修厂入口时，汽修厂的诊断工具使用无线传感技术和无线传输技术对她的汽车进行了检查，并要求她将汽车驶向指定的维修台。这个维修台是由全自动的机器臂装备的。Rosa 离开自己的爱车去喝点咖啡。Orange Wall 饮料机知道 Rosa 对加冰咖啡的喜好，当她利用自己的 Internet 手表安全付款之后立刻倒出了饮料。等她喝完咖啡回来，一对新的轮胎已经安装完毕，并且集成了 RFID 标记以便检测压力、温度和形变。

这时机器向导要求 Rosa 注意轮胎的隐私选项。汽车控制系统里存储的信息本来是为汽车维护准备的，但是在有 RFID 读写器的地方，Rosa 的旅程线路也能被阅读。Rosa 不希望任何人（尤其是男友）知道自己的去向，去向这样的信息太敏感了，Rosa 必须保护。所以 Rosa 选择隐私保护选项，以防止未授权的追踪。

然后 Rosa 去了最近的购物中心购物，她想买一款新的嵌入媒体播放器和具有气温校正功能的滑雪衫。那个滑雪胜地使用了无线传感器网络来监控雪崩的可能性，这样 Rosa 就能保证滑雪时的舒适与安全。在法国与西班牙边境，Rosa 没有停车，因为她的汽车里包含了她的驾照信息和护照信息，这些信息已经自动传送到边检的相关系统了。

瞧，即使是在这样一个充斥着智能互联系统的世界，人类的情感依然还是主宰。

2. 物联网的应用领域

物联网的应用领域十分广泛。物联网现在已经应用于交通、物流、军事等领域，将来逐渐普及到所有领域。展望未来，物联网将在 21 世纪掀起一场技术革命，随着技术的不断进步，物联网将会成为我们日常生活的一部分。

（1）制造领域

主要用于生产数据的实时监控、质量追踪、自动化生产等。

（2）零售领域

主要用于商品的销售数据实时统计、补货、防盗等。

（3）物流领域

主要用于物流过程中的货物追踪、信息自动采集、仓储应用、港口应用、邮政快递等。

（4）医疗领域

主要用于医疗器械管理、病人身份识别、婴儿防盗等。

（5）身份识别领域

主要用于电子护照、身份证、学生证等各种电子证件。

（6）军事领域

主要用于弹药管理、枪支管理、物资管理、人员管理、车辆识别与追踪等

（7）防伪安全领域

主要用于贵重物品（烟、酒、药品）防伪、票证防伪、汽车防盗、汽车定位等。

（8）资产管理领域

主要用于贵重的、危险性大的、数量大且相似性高的各类资产管理。

（9）交通领域

主要用于不停车缴费、出租车管理、公交车枢纽管理、铁路机车识别、航空交通管制、旅客机票识别、行李包裹追踪等。

（10）食品领域

食品领域主要用于水果、蔬菜、生鲜食品保鲜期的监控等。

（11）图书领域

图书领域主要用于书店、图书馆、出版社的书籍资料管理等。

（12）动物领域

动物领域主要用于驯养动物、宠物识别管理等。

（13）农业领域

农业领域主要用于畜牧牲口、农产品生长的监控等，确保绿色农业，确保农业产品的安全。

（14）电力管理领域

电力管理领域主要用于对电力运行状态进行实时监控，对电力负荷、用电检查、线路损耗等进行实时监控，以实现高效一体化管理。

（15）电子支付领域

电子支付领域主要用于银行和零售等部门，采用银行卡或充值卡等支付方式，进行支付的一种系统。

（16）环境监测领域

环境监测领域主要用于环境的跟踪与监测。

（17）智能家居领域

智能家居领域主要用于家庭中各类电子产品、通信产品、信息家电的互通与互连，以实现智能家居。

（四）物联网应用所需的环境

物联网将创造一个由数以亿计、使用无线标识的"物"组成的动态网络，并赋予"物"完全的通信和计算能力，这需要一个普适计算和云计算的环境。当前普适计算、云计算等热点技术可以提高社会的信息化水平，提升处理复杂问题的能力，并提供智能化的技术环境。物联网通过与热点技术的结合，可以实现真实世界与虚拟世界的融合。

1. 普适计算

普适计算是由 IBM 提出的概念。所谓普适计算（Ubiquitous Computing），就是指无所不在的、随时随地可以进行计算的一种方式，无论何时何地，只要需要，就可以通过某种设备访问到所需的信息。

普适计算的含义十分广泛，所涉及的技术包括移动通信技术、小型计算设备制造技术、小型计算设备上的操作系统技术及软件技术等。普适计算技术在现在的软件技术中将占据越来越重要的位置，其主要应用方向有嵌入式技术（除笔记本电脑和台式计算机外具有 CPU 且能进行一定数据计算的电器，如手机、MP3 等都是嵌入式技术研究的方向）、网络连接技术（如 3G、ADSL 等网络连接技术）、基于 Web 的软件服务构架等。

在信息时代，普适计算可以降低设备使用的复杂程度，使人们的生活更轻松、更有效率。实际上，普适计算是网络计算的自然延伸，它使得不仅是 PC，而且其他小巧的智能设备也可以连接到网络中去，从而方便人们即时地获得信息并采取行动。

间断连接与轻量计算（即计算资源相对有限）是普适计算最重要的两个特征。实现普适计算的基本条件是计算设备越来越小，方便人们随时随地佩带和使用。在计算设备无时不在、无所不在的条件下，普适计算才有可能实现。

2. 云计算

（1）云计算的概念

云计算（Cloud Computing）是网格计算（Grid Computing）、分布式计算（Distributed Computing）、并行计算（Parallel Computing）、效用计算（Utility Computing）、网络存储（Network Storage Technologies）、虚拟化（Virtualization）、负载均衡（Load Balance）等传统计算机技术和网络技术发展融合的产物。狭义云计算是指 IT 基础设施的交付和使用模式，是指通过网络以按需、易扩展的方式获得所需的资源；广义云计算是指服务的交付和使用模式，是指通过网络以按需、易扩展的方式获得所需的服务。

云计算的核心思想，是将大量用网络连接的计算资源进行统一的管理和调度，构成一个计算资源池，向用户按需提供服务。提供资源的网络被称为"云"，"云"中的资源在使用者看来是可以无限扩展的，并且可以随时获取，按需使用，随时扩展，按使用付费。

云计算被视为"革命性的计算模型"，它使得超级计算能力通过互联网自由流通成为可能。

企业与个人用户无需再投入昂贵的硬件购置成本，只需要通过互联网来购买、租赁计算能力。这好比是从古老的单台发电机模式转向了电厂集中供电的模式，它意味着计算能力也可以作为一种商品进行流通，就像煤气、水电一样，取用方便，费用低廉。

云计算提供了最可靠、最安全的数据存储中心，用户不用再担心数据丢失、病毒入侵等麻烦。云计算对用户端的设备要求最低，使用起来也最方便。云计算可以轻松实现不同设备间的数据共享，将 IT 资源、数据和应用作为服务通过网络提供给用户。云计算使得企业能够将资源切换到需要的应用上，根据需求访问计算机和存储系统。云计算的目标是"把你的计算机只当做接入口，一切计算与服务都交给互联网吧"。

（2）云计算将促进物联网的实现

对于物联网来说，本身需要进行大量而快速的运算，云计算高效率的运算模式，正好可以为物联网提供良好的应用基础。没有云计算的发展，物联网就不能顺利实现，而物联网的发展，又会推动云计算的进步，两者将相互推动，缺一不可。

建设物联网需要高效的、动态的、可以大规模扩展的计算资源处理能力，这个能力正是云计算所擅长的，通过云计算模式完全可以实现。运用云计算模式，物联网中数以亿计各类物品的实时动态管理和智能分析变得可能。

云计算创新的交付模式，能够增加物联网和互联网之间及其内部的互联互通，并且可以实现新的商业模式。云计算作为一种新兴的技术模式，可以促进物联网与互联网的融合，并促进物联网和智慧地球的实现。

（五）物联网应用面临的挑战

1. 标准化体系的建立

标准是对社会生活和经济技术活动的统一规定，标准的制定是以最新的科学技术和实践成果为基础，它为技术的进一步发展创建了一个稳固的平台。制定标准是各国经济建设不可缺少的基础工作，它可以促进贸易发展、提高产业竞争力、规范市场次序、推动技术进步。如果说一个专利影响的仅仅是一个企业，那么一个技术标准则会影响一个产业，一个标准体系甚至会影响一个国家的竞争力。

目前，还没有全球统一的物联网标准体系，物联网处于全球多个标准体系共存的阶段。物联网在我国的发展还出于初级阶段，我国面临着物联网标准体系的建设问题。标准体系的缺失将大大制约我国物联网技术的发展和产品的规模化应用，如果没有物联网的标准体系，就会使整个产业混乱、市场混乱，会让用户不知如何去选择应用。

标准体系的建立将成为发展我国物联网产业的首要先决条件。通过物联网标准体系的建设，可以促进产品的互相兼容，促进产业分工，促进贸易发展，促进科技进步，促进新技术普及。作为一种公共资源，我国应该尽快建立物联网的标准体系。

标准体系的实质就是知识产权，是打包出售知识产权的高级方式。物联网标准体系包含大量的技术专利，关系着国家安全、战略实施和产业发展的根本利益。

2. 核心技术的突破

核心技术是物联网可持续发展的根本动力，作为我国战略性新兴产业，不掌握物联网核心技术，就不能形成核心竞争力。物联网感知层、网络层和应用层这 3 个层次涉及的核心技术非常多，掌握具有自主知识产权的核心技术是物联网发展的重中之重。

3. 行业主管部门的协调

物联网应用领域十分广泛，许多行业应用具有很大的交叉性，这些行业分属于不同的行政部门，因此必须加强行业主管部门的协调，才能有效保证物联网产业的顺利发展。

4. 安全挑战

随着物联网建设的加快，物联网的安全问题必然成为制约物联网全面发展的重要因素。由于物联网应用场景中的实体均具有一定的感知、计算和执行能力，广泛存在的这些感知设备将会对国家、社会和个人信息安全构成新的威胁。一方面，由于物联网具有网络种类上的兼容和业务范围上的无限扩展等特点，因此当大到国家电网数据、小到个人病例都接入物联网时，将可能导致更多的公众信息和个人信息被非法获取；另一方面，随着国家重要的基础行业和社会关键服务领域如电力、医疗等都依赖于物联网和感知业务，国家基础领域的动态信息将可能被窃取。所有的这些问题使得物联网安全问题上升到国家层面，成为影响国家发展和社会稳定的重要因素。

物联网相对于传统网络，其感知节点大都部署在无人监控的环境，具有能力脆弱、资源受限等特点。另外由于物联网是在现有网络的基础上扩展了感知网络和应用平台，传统网络的安全措施不足以提供可靠的安全保障，从而使物联网的安全问题具有特殊性。所以在解决物联网安全问题的时候，必须根据物联网本身的特点设计相关的安全机制。

5. 隐私挑战

不久的未来，物联网将全面"植入"你的生活。你的衣服、手机、包、眼镜……一些随身携带的东西都嵌入了电子芯片，它们非常细小，甚至肉眼看不见，但是它们又是电子传感器，时时刻刻暴露了你的一举一动。这就是物联网技术的隐私危机。

可能将来我们随身携带的东西里面都有感知的芯片，它们和外界都能通信，甚至你才发出一个短信，周边的人都接收到了。这个从有利的方向来看，就是会让罪犯无处遁形，但同时，也会让普通人变得透明化。这就有个问题需要解决：你的隐私怎么保护？所以欧盟提出的物联网行动计划里面，大部分都强调隐私的安全问题。

6. 成本挑战

物联网普及的障碍除技术因素以外，还有价格因素。物联网得以推广，低成本是很重要的推动力。只有低成本物联网才具备复制的价值。

以射频识别为例，RFID 标签的成本目前大约为 20 美分。这样的价格对于汽车、冰箱、电视、手机等商品可能不值一提，但对于灯泡、牙膏等低价商品来说，依旧是太高了。对于 RFID 生产商来说，成本问题是一个两难问题：成本太高，应用压力大，不易普及；成本压得太低，RFID 生产商又失去利润。

RFID 标签生产商美国 Alien 科技公司表示，年生产量超过 100 亿个电子标签，电子标签的成本才能降到 10 美分以下。现在人们的目标是，将 RFID 电子标签的价格降到 5 美分，这样物联网将得到极大的普及。

（六）物联网应用前景展望

IBM 前首席执行官郭士纳曾提出一个观点，认为世界的计算模式每隔 15 年发生一次变革。1965 年前后发生的变革以大型机为标志，1980 年前后发生的变革以个人计算机为标志，1995 年前后发生的变革以互联网为标志，这次则将是物联网变革。物联网作为互联网的下一站，在广度和深度上都有可能超过互联网对人类社会的影响，因此世界各国都把物联网提升为国家战略，物联网已经成为国家综合竞争力的体现。

1. 经济效益和社会效益

物联网可以提高生产力，并对生产方式产生深刻影响，随着社会生产方式和生活方式的提升，人们的思想观念和思维方式也将发生深刻变化。

物联网蕴涵巨大的创新空间，将带来对环境的深刻感知、信息量的巨大增长、通信系统的不断融合、行业应用的升级整合、贴近大众的便利服务。

物联网的发展不仅能使生产确保质量、流通实现有序高效、资源配置更加合理、消费安全指数大大提高，而且将催生新兴产业、新的就业岗位、新的职业门类。

2. 市场前景

有投资人士认为，实现单个行业内的物联网应用至少需要 3 年左右，普及物联网的使用则需要更长的时间，要实现物联网的全行业运用至少需要 10 年左右的时间。

美国权威咨询机构 Forrester 预测，2020 年物联网将大规模普及，世界上"物物互联"的业务与"人与人通信"的业务相比，将达到 30 比 1。欧洲智能系统集成技术平台（EPOSS）预测，2020 年之后物体将进入全智能化。

我国有关研究机构预测，未来十年物联网重点应用领域的投资可以达到 4 万亿，产出可以达到 8 万亿，形成就业岗位 2 500 万个，与物联网相关的嵌入芯片、传感器、无线射频的"智能装置"数目可能超过 1 万亿个。

在物联网普及以后，用于动物、植物、机器和基础设施的传感器、电子标签以及配套接口装置的数量，将大大超过手机的数量。物联网的推广将成为推进经济发展的又一个驱动器，为产业开拓又一个潜力无穷的发展机会。物联网将是下一个万亿级的通信业务，其发展前景巨大，将成为经济发展新的动力源之一。

第三节　物联网中间件

随着计算机技术和网络技术的迅速发展，许多应用程序需要在网络环境的异构平台上运行。在这种分布式异构环境中，通常存在多种硬件系统平台，如读写器、PC、工作站等。在这些硬件平台上，又存在各种各样的系统软件，如不同的操作系统、数据库、语言编译器等。如何把这些硬件和软件系统集成起来，开发出新的应用，并在网络上互通互连，是一个非常现实和困难的问题。

为解决分布异构的问题，人们提出了中间件的概念。从物联网产业发展的角度来看，物联网中间件是介于前端读写器硬件模块与后端应用软件之间的重要环节，是物联网应用运作的中枢。中间件是物联网大规模应用的关键技术，也是物联网产业链的高端领域。

一、物联网中间件概论

中间件（Middleware）是介于应用系统和系统软件之间的一类软件，通过系统软件提供基础服务，可以连接网络上不同的应用系统，以达到资源共享、功能共享的目的。中间件位于客户机服务器的操作系统之上，管理计算机资源和网络通信，是一种独立的系统软件或服务程序，分布式应用软件借助这种软件在不同的技术之间共享资源。

（一）中间件的概念

中间件是伴随着网络应用的发展而逐渐成长起来的技术体系。最初中间件的发展驱动力是需要有一个公共的标准应用开发平台，来屏蔽不同操作系统之间的环境和 API 差异，也就是所谓操作系统与应用程序之间"中间"的这一层叫中间件。但随着网络应用的不断发展，解决不同系统之间的网络通信、安全、事务的性能、传输的可靠性、语义的解析、数据和应用的整合等这些问题，变成中间件更重要的发展驱动因素。

中间件可以解决分布异构的问题。中间件屏蔽了底层操作系统的复杂性，使程序开发人员面对一个简单而统一的开发环境，减少了程序设计的复杂性，可以将注意力集中在自己的业务上，不必再为程序在不同系统软件上的移植而重复工作，从而大大减少了技术上的负担。中间件带给应用系统的不只是开发的简便、开发周期的缩短，也减少了系统的维护、运行和管理的工作量，还减少了计算机总体费用的投入。

目前中间件并没有严格的定义。人们普遍接受的定义是，中间件是一种独立的系统软件或服务程序，分布式应用系统借助这种软件，可实现在不同的应用系统之间共享资源。人们在使用中间件时，往往是一组中间件集成在一起，构成一个平台（包括开发平台和运行平台），但在这组中间件中必需要有一个通信中间件，即中间件＝平台＋通信。从上面这个定义来看，中间件是由"平台"和"通信"两部分构成，这就限定了中间件只能用于分布式系统中，同时也把中间件与支撑软件和实用软件区分开来。中间件是位于平台（硬件和操作系统）和应用之间的通用服务，这些服务具有标准的程序接口和协议。

中间件首先要为上层的应用层服务，此外又必须连接到硬件和操作系统的层面，并且必须保持运行的工作状态。中间件应具有如下的一些特点：①满足大量应用的需要；②运行于多种硬件和 OS 平台；③支持分布计算，提供跨网络、硬件和 OS 平台的透明性应用或服务的交互；④支持标准的协议；⑤支持标准的接口。

由于标准接口对于可移植性以及标准协议对于互操作性的重要性，中间件已成为许多标准化工作的主要部分。对于应用软件的开发，中间件远比操作系统和网络服务更为重要。中间件提供的程序接口定义了一个相对稳定的高层应用环境，不管底层的计算机硬件和系统软件怎样更新换代，只要将中间件升级更新，并保持中间件对外的接口定义不变，应用软件几乎不需任何修改，从而保护了企业在应用软件开发和维护中的重大投资。

（二）物联网中间件

美国最先提出物联网中间件（The Internet of Things Middleware，IOT-MW）的概念。

美国一些企业在实施射频识别项目改造期间，发现最耗时和耗力、复杂度和难度最高的问题，是如何保证将射频识别的数据正确导入企业管理系统，这些企业为此在这方面做了大量的工作。经过多方研究、论证和实验，最终找到了一个比较好的解决方法，这就是运用物联网中间件技术。物联网中间件用于实现射频识别硬件以及配套设备的信息交互和管理，同时作为一个软件和硬件集成的桥梁，完成与上层复杂应用的信息交换。

1. 物联网中间件的作用

物联网中间件起到一个中介的作用，它屏蔽了前端硬件的复杂性，并将采集的数据发送到后端的网络。具体地讲，物联网中间件的主要作用包括如下方面。

（1）控制物联网自动识别系统按照预定的方式工作，保证自动识别系统的设备之间能够很好地配合协调，自动识别系统按照预定的内容采集数据；

（2）按照一定的规则筛选过滤采集到的数据，筛除绝大部分冗余数据，将真正有用的数据传输给后台的信息系统；

（3）在应用程序端，使用中间件所提供的一组通用应用程序接口（Application Programming Interface，API），就能够连接到自动识别系统。物联网中间件能够保证读写器与企业级分布式应用系统平台之间的可靠通信，能够为分布式环境下异构的应用程序提供可靠的数据通信服务。

2. 物联网中间件研究与应用的领域

物联网中间件可以在众多领域应用，需要研究的范围也很广，既涉及多个行业，也涉及多个不同的研究方向。物联网中间件可以应用于物流、制造、环境、交通、防伪和军事等领域，研究方向包括应用服务器、应用集成架构与技术、门户技术、工作流技术、企业级应用基础软件平台体系结构、移动中间件技术等。

3. 物联网中间件的工作特点

使用物联网中间件时，即使存储物品（标签）信息的数据库软件或后端应用程序增加，或由其他软件取代，或自动识别系统读写器的种类增加时，应用端不需要修改也能处理，简化了维护工作。物联网中间件的工作特点如下。

（1）实施物联网项目的企业，不需要进行程序代码的开发，便可完成采集数据的导入工作，可极大缩短物联网项目实施的周期。

（2）当企业数据库或企业的应用系统发生改变时，只需要更改物联网中间件的相关设置，即可实现数据导入新的信息管理系统。

（3）物联网中间件可以为企业提供灵活多变的配置操作，企业可以根据实际业务需求和信息管理系统的实际情况，自行设定相关的物联网中间件参数。

（4）当物联网项目的规模扩大时，只需将物联网中间件进行相应设置，便可完成数据的导入，不必再做程序代码的开发。

4. 物联网中间件的技术特征

物联网以 RFID 技术为基础，下面以 RFID 中间件为例，说明物联网中间件的技术特征。一般来说，RFID 中间件具有以下技术特征。

（1）多种构架

RFID 中间件可以是独立的，也可以是非独立的。独立中间件介于 RFID 读写器与后台应用程序之间，并且能够与多个 RFID 读写器以及多个后台应用程序连接，以减轻构架与维护的复杂性。非独立中间件将 RFID 技术纳入到现有的中间件产品中，RFID 技术是现有中间件的可选子项。

（2）数据流

RFID 中间件的主要目的在于将实体对象转换为信息环境下的虚拟对象，因此数据处理是 RFID 中间件最重要的特征。RFID 中间件具有数据收集、过滤、整合与传递等特性，以便将正确的信息传递到企业后端的应用系统。在 RFID 中间件从 RFID 读写器获取大量的突发数据流或者连续的标签数据时，需要除去重复数据，过滤垃圾数据，或者按照预定的数据采集规则对数据进行校验，并提供可能的警告信息。

（3）过程流

RFID 中间件采用程序逻辑及存储再传送（Store-and-forward）的功能，来提供顺序的消息流，具有数据流设计与管理的能力。

（4）支持多种编码标准

目前国际上有关机构和组织已经提出了多种编码方式，但尚未形成统一的 RFID 编码标准 RFID 中间件应支持各种编码标准，并具有进行数据整合与数据集成的能力。

（5）状态监控

RFID 中间件还可以监控连接到系统中的 RFID 读写器的状态，并自动向应用系统汇报。该项功能十分重要，比如分布在不同地点的多个 RFID 应用系统，仅通过人工来监控读写器的工作状态是不现实的。设想在一个大型仓库里，多个不同地点的 RFID 读写器自动采集系统的信息，如果某台读写器的工作状态出现错误，通过中间件及时、准确地汇报，就能够快速确定出错读写器的位置。在理想情况下，中间件监控软件还能够监控读写器以外的其他设备，如监控在系统中同时应用的条码读写器或者智能标签打印机等。

（6）安全功能

通过安全模块可完成网络防火墙的功能，以保证数据的安全性和完整性。

（三）中间件分类

中间件包括的范围十分广泛，目前已经涌现出多种各具特色的中间件产品。中间件分类主要有两种方法，一种是按照中间件的技术和作用分类，另一种是按照中间件的独立性分类。下面对这两种分类方法分别加以说明。

1. 按照中间件的技术和作用分类

不同的应用领域一般采用不同种类的中间件产品。根据中间件所采用的技术和中间件在系统中所起的作用。

（1）数据访问中间件

数据访问中间件（Data Access Middleware）是在系统中建立数据应用资源的互操作模式，实现异构环境下的数据库连接或文件系统连接，从而为网络中的虚拟缓冲存取、格式转换、解压等操作带来方便。在所有的中间件中，数据访问中间件是应用最广泛、技术最成熟的一种。不过在数据访问中间件的处理模型中，数据库是信息存储的核心单元，中间件仅完成通信的功能。这种方式虽然灵活，但是它不适合需要大量数据通信的高性能处理场合，而且当网络发生故障时，数据访问中间件不能正常工作。

（2）远程过程调用中间件

远程过程调用（Remote Procedure Call，RPC）是一种广泛使用的分布式应用程序处理方法，一个应用程序使用 RPC 来"远程"执行一个位于不同地址空间里的过程，并且从效果上看和执行本地调用相同。远程过程调用中间件应用在客户/服务器（client/server）方面，在技术上比数据访问中间件又迈进了一步。

远程过程调用中间件的工作方式如下：当一个应用程序 A 需要与另一个远程的应用程序 B 交换信息或要求 B 提供协助时，A 在本地产生一个请求，通过通信链路通知 B 接收信息或提供相应的服务，B 完成相关的处理后将信息或结果返回给 A。

RPC 的灵活性使得中间件有着广泛的应用，它可以应用在复杂的客户/服务器计算环境中，并可以跨平台应用。但 RPC 也有一些缺点，对于大型的应用，RPC 的同步通信方式就不是很合适，因为此时程序员需要考虑网络或者系统可能出现的故障，RPC 不容易处理并发操作、缓存、流量控制以及进程同步等一系列复杂的问题。

（3）面向消息中间件

面向消息中间件（Message Oriented Middleware，MOM）指的是利用高效可靠的消息传递机制，进行与平台无关的数据交流，并基于数据通信进行分布式系统的集成。通过消息传递和消息排队模型，中间件可在分布式环境下扩展进程间的通信，并支持多种通信协议、语言、应用程序、硬件和软件平台。面向消息中间件的消息传递和排队技术有以下特点。

①通信程序可在不同的时间运行

程序不在网络上直接相互通话，而是间接地等待消息放入消息队列。因为程序间没有直接的联系，所以它们不必同时运行。消息放入适当的队列时，目标程序甚至根本不需要正在运行。即使目标程序正在运行，也不意味着要立即处理该消息。

消息中间件能在不同的平台之间通信，可以实现在分布式系统中可靠、高效、实时地跨平台数据传输。消息中间件的优点在于能够在客户和服务器之间提供同步和异步的连接，并且在任何时刻都可以将消息进行传送、存储或者转发，这也是它比远程过程调用中间件更进一步的原因。

②对应用程序的结构没有约束

在复杂的应用场合，通信程序之间不仅可以是一对一的关系，还可以是一对多或多对一的方式，甚至是上述多种方式的组合。多种方式的构造并没有增加应用程序的复杂性。

③程序与网络复杂性相隔离

在程序将消息放入消息队列或者从消息队列中取出消息时，程序不直接与其他程序对话，所以他们不涉及网络的复杂性。这时程序可以有的动作为：维护消息队列、维护程序与队列之间的关系、处理网络的重新启动和在网络中移动消息等。

④占用资源小

消息中间件也不会占用大量的网络带宽。消息中间件通过跟踪事务，将事务存储到磁盘上，以实现当网络出现故障时系统的恢复。

（4）面向对象中间件

面向对象中间件（Object Oriented Middleware）是对象技术和分布式计算发展的产物，它提供一种通信机制，透明地在异构的发布式计算环境中传递对象请求，而这些对象既可以位于本地，也可以是远程机器。

在这些面向对象的中间件中，功能最强的是中间件 CORBA，它可以跨越任意平台，但缺点是体积庞大；中间件 JavaBean 较灵活简单，很适合作浏览器，但缺点是运行效率较差；中间件 DOOM 主要适合 Windows 平台，目前使用较为广泛。

（5）事件处理中间件

事件处理中间件是在分布、异构的环境下提供交易完整性和数据完整性的一种环境平台，它是针对复杂环境下分布式应用的速度要求和可靠性要求而产生的一种中间件。事件处理中间件给程序员提供了事件处理的 API，程序员使用这个程序接口就可以编写高速、可靠的分布式应用程序。事件处理中间件可向用户提供一系列的服务，如应用管理、管理控制、程序间的消息传递等服务。事件处理中间件常用的功能包括全局事件协调、事件的分布式两段提交（准备阶段和完成阶段）、资源管理器支持、故障恢复、网络负载平衡等。

（6）网络中间件

网络中间件包括网管、接入、网络测试、虚拟社区、虚拟缓冲等，网络中间件是当前中间件研究的热点之一。

（7）屏幕转换中间件

屏幕转换中间件是在客户机图形用户接口与已有的字符接口之间实现应用程序的互操作的中间件。

2. 按照中间件的独立性分类

目前的中间件以独立性作为分类标准，主要分为非独立中间件和独立的通用中间件两大类。下面分别加以说明。

（1）非独立中间件

非独立中间件将各种技术都可以纳入到现有的中间件产品中，其中某一种技术只是这种中间件可选的子项。例如，IBM 公司已经在它的中间件产品 WebSphere 中增加了 RFID 的功能，并在 2010 年将我国远望谷公司的 RFID 中间件适配层软件纳入其中。

这种中间件产品是在现有产品的基础上开发了 RFID 模块，其优点是开发工作量小、技术成熟度高、产品集成性好。这种中间件的缺点是使得 RFID 中间件产品变得庞大，推出"套餐"价格高，不便于中小企业低成本、轻量级应用。

（2）独立中间件

独立的通用中间件具有独立性，不依赖于其他软件系统。这种中间件的各个模块都是由组件构的，根据不同的需要可以进行软件的组合，能够满足各种行业应用的需要。这种中间件产品的优点是量级较轻、灵活性高、价格较低，便于中小企业低成本快速集成。缺点是开发工作量大，技术仍处于走向成熟的阶段。

二、物联网中间件的发展历程

在全球范围内，互联网的蓬勃发展和网络计算的需求剧增，使中间件正在成为软件行业新的技术和经济增长点。目前 IBM、BEA、Oracle、Microsoft、Sun 等国外厂商早已涉足中间件领域，国内研究与推广中间件的公司也日渐增多。

物联网中间件是在 2000 年以后才出现的，最初只是面向单个读写器或在特定应用中驱动交互的程序，现如今已经发展为全球 EPC 系统的中间件，是 EPC 系统信息网络的基础之一。IBM、Microsoft 等公司都提出了物联网中间件的解决方案，物联网中间件已成为网络应用系统开发、集成、部署、运行和管理必不可少的工具。

（一）中间件的发展阶段

由于中间件技术涉及网络应用的各个层面，涵盖从基础通信、数据访问到应用集成等众多环节，因此中间件技术呈现出多样化的发展特点。

1. 中间件从传统模式向网络服务模式发展

传统中间件在支持相对封闭、静态、稳定、易控的企业网络环境中的企业计算和信息资源共享方面，取得了巨大的成功。但在新时期以开放、动态、多变的互联网为代表的网络技术冲击下，传统中间件显露出了固有的局限性。传统中间件功能较为专一，产品和技术之间存在着较大的异构性，跨互联网集成和协同的工作能力不足，僵化的基础设施缺乏随需应变的能力，因此在互联网计算带来的巨大挑战面前显得力不从心。

中间件技术的发展方向，将聚焦于消除信息孤岛，支撑开放、动态、多变的互联网环境下的复杂应用，实现对分布于互联网之上的各种自治信息资源（计算资源、数据资源、服务资源、软件资源）的简单、标准、快速、灵活、可信、高效能及低成本的集成、协同和综合利用，促进 IT 与业务之间的匹配。

随着 RFID 向规模化、灵活化方向的不断发展，商业模式的创新让 RFID 的应用变得更加灵活，从而满足了更快响应的需求。一方面，服务架构（SOA）、网络技术与 RFID 中间件技术逐渐融合，突破了应用程序之间沟通的障碍，实现了商业流程的自动化；另一方面，为解决大规模应用中对企业机密、个人隐私等关键信息的保护，更可靠和更高效的安全技术将成为 RFID 中间件技术发展的另一个重点。

2. 物联网 RFID 中间件的发展阶段

物联网 RFID 中间件在发展的过程中经历了应用程序中间件、架构中间件和解决方案中间件三个发展阶段。

（1）应用程序中间件

本阶段是 RFID 中间件发展的初始阶段。在本阶段，RFID 中间件多以整合、串接 RFID 读写器为目的。在 RFID 技术使用初期，企业需要花费许多成本去处理后端系统与读写器的连接问题，RFID 厂商根据企业的需要帮助企业将后端系统与 RFID 读写器串接。

（2）构架中间件

本阶段是 RFID 中间件的成长阶段。由于 RFID 技术的应用越来越广泛，促进了国际各大厂商对 RFID 中间件的研发，大大促进了 RFID 中间件的发展，RFID 中间件不但具备了数据收集、过滤、处理等基本功能，同时也满足了企业多点对多点的连接需求，并具备了平台的管理与维护功能。

（3）解决方案中间件

本阶段是 RFID 中间件发展成熟的阶段。本阶段各厂商针对 RFID 在不同领域的应用，提出了各种 RFID 中间件的解决方案，企业只需要通过 RFID 中间件，就可以将原有的应用系统快速地与 RFID 系统连接，实现了对 RFID 系统的可视化管理。

（二）国际和国内发展现状

1. 国际发展现状

在国际方面，IBM、Oracle、Microsoft、Sun 等企业都开发了物联网中间件产品，这些中间件产品经过企业的测试，处理能力已经得到企业的认可。

（1）IBM 公司的中间件 Web Sphere v7

IBM 公司在中间件领域处于全球公认的领先地位，IBM 公司的中间件几乎可以应用在所有的企业平台。在物联网方面，IBM 公司推出了以 Web Sphere 中间件为基础的 RFID 解决方案，Web Sphere 中间件通过与 EPC 平台集成，可以支持全球各大著名厂商生产的读写器和传感器。Web Spherer 在 2009 年底升级到了 v7 版本。

（2）Oracle 公司的中间件 Exalogic Elastic Cloud

Oracle（甲骨文）在中间件领域一直努力追赶 IBM 的领先地位，不断地缩小着与之的差距。继 2009 年甲骨文的融合中间件 11g 推出之后，2010 年 9 月甲骨文在全球技术与应用大会上又宣布推出全球首款集成式中间件机"Exalogic Elastic Cloud"。

甲骨文的 Exalogic Elastic Cloud 是一种硬件和软件集成式系统，是甲骨文为运行 Java 和非 Java 应用而设计的，具有极高的性能。该系统提供全面的云应用基础设施，合并了类型最为丰富的 Java 和非 Java 应用，并能满足服务级别的要求。甲骨文的 Exalogic Elastic Cloud 是为大型、关键任务而设计的，它为企业级多重租用或云应用奠定了基础。该系统能以不同的安全性、可靠性和性能支持上千个应用，从而成为在整个企业范围内进行数据中心合并的理想平台。

（3）Microsoft 公司的中间件 BizTalk RFID

BizTalk RFID 是微软公司为 RFID 提供的一个功能强大的中间件平台。作为微软的一个"平台级"软件，BizTalk RFID 提供了基于 XML 标准和 Web Services 标准的开放式接口，微软的软硬件合作伙伴在该平台上可以进行开发、应用和集成。BizTalk RFID 含有 RFID 的标准接入协议及管理工具，其中的 DSPI（设备提供程序应用接口）是微软和全球 40 家 RFID 硬件合作伙伴制定的标准接口，所有支持 DSPI 的设备（RFID、条码、IC 卡等）在 Microsoft Windows 上即插即用。

（4）Sun 公司的中间件 Java System RFID

Sun 公司宣布，它将推出 Sun Java System RFID 标签与供货解决方案（Tag and Ship Solution），以及 Sun RFID 参考架构。Sun 还宣布说，它计划创建 RFID 行业解决方案架构（ISA），以满足政府、制造、医药和零售等行业的特殊需求。此外，Sun 还与 SeeBeyond 公司联手推出一个专门用于零售行业的 RFID ISA 合作计划，为零售商提供全方位满足特殊需求的综合性 RFID 解决方案。

Java System RFID 3.0 软件已经在 Solaris 10 操作系统上进行了优化，并且可以在 Linux 和 Microsoft Windows 等主流操作系统上运行。Java 的 RFID 软件是根据 SOA（面向服务的体系结构）来设计的，支持多个数据传输协议，并通过一系列标准协议与接口为应用程序提供网络服务。

2. 国内发展现状

由于中间件在 RFID 系统中的地位越来越重要，目前国内厂商在这方面给予了越来越多的关注，并进行技术研究，取得了一定的成果。中科院自动化所推出了 RFID 公共服务体系基础架构软件和血液、食品、药品可追溯管理中间件；上海交通大学开发了面向商业物流的数据管理与集成中间件平台；东方励格公司研发了 LYNKO-ALE 中间件；清华同方研发了 ezRFID 中间件、ezONEezFramework 基础应用套件等。尽管与国外同行存在着差距，但国内厂商在中间件领域的积极尝试和不断积累，将有助于推动低成本 RFID 应用的发展。

第二章 支撑物联网的 RFID 技术

近年来，射频识别（Radio Frequency Identification，简称 RFID）作为新兴产业的一座里程碑，正发挥着越来越大的作用。本章将较详细地展现 RFID 相关知识，从 RFID 概念到 RFID 关键技术，再到 RFID 的典型应用。

第一节 RFID 的概述

一、了解 RFID

RFID 技术是一种无线自动识别技术，又称为电子标签技术，是自动识别技术的一种创新。RFID 技术具有众多优点，被广泛地应用于交通、物流、安全和防伪带领域，其很多应用是作为条形码等识别技术的升级换代产品。下面简述 RFID 的基本原理、分类和典型应用。

（一）RFID 的基本原理

典型 RFID 的应用系统相对简单而清晰，通常的 RFID 系统包括前端的射频部分和后台的计算机信息管理系统。射频部分由读写器和标签组成。标签中植有集成电路芯片，标签和读写器通过电磁波进行信息的传输和交换。因此，标签用于存储所标识物品的身份和属性信息；读写器作为信息采集终端，利用射频信号对标签进行识别，并与计算机信息系统进行通信。在 RFID 的实际应用中，电子标签附着在被识别的物体表面或者内部。当带有电子标签的物品通过读写器的识读范围时，读写器自动地以非接触的方式将电子标签中的约定识别信息读取出来，依据需要，有时可以对标签中的信息进行改动，从而实现非接触甚至远距离自动识别物品功能。

（二）分类与应用

在 RFID 系统中，标签和读写器是核心部件。依据两者不同的特点，可以对 RFID 进行以下分类。

1. 按照标签的供电形式

按照标签的供电形式，射频标签可以分为有源和无源两种形式。有源标签使用标签内电源提供的能量，识别距离较远（可以达到几十米甚至上百米），但寿命相对有限，并且价格相对较高。无源标签内不含电源，工作时，从读写器的电磁场中获取能量，其重量轻、体积小，可以制作成各种薄片或者挂扣的形式，寿命很长且成本很低，但通信距离受到限制，需要较大的功率读写器。

2. 按照标签的数据调制方式

根据标签数据调制方式不同，可以分为主动式、被动式、半主动式。主动式的射频标签用自身的射频能量主动发送数据给读写器，调制方式可以是调幅、调频或者调相。被动式的射频标签使用调制散射的方式发送数据，必须利用读写器的载波来调制自身基带信号，读写器可以保证只激活一定范围内的射频标签。

在实际应用中，必须给标签提供能量才能工作。主动式标签内部自带电池进行供电，因而工作可靠性高，信号传输的距离远，但其主要缺点是因为电池的存在，其使用寿命受到限制，随着电池电力的消耗，数据传输的距离也会越来越短，从而影响系统的正常工作。

被动式标签内部不带电池，要靠外界提供能量才能正常工作。被动式标签产生电能的典型装置是天线与线圈。当标签进入系统的工作区域时，天线接收到特定的电磁波，线圈就会产生感应电流，在经过整流电路时，激活电路上的微型标签以给标签供电。而被动式标签的主要缺点在于其传输距离较短，信号的强度受到限制，所以需要读写端的功率较大。

此外，还有半主动式 RFID 系统。半主动式标签本身也带有电池，只起到对标签内部数字电路供电的作用，标签并不利用自身能量主动发送数据，只有被读写器发射的电磁信号激活时，才能传送自身的数据。

3. 按照工作频率

按照工作频率，分为低频、中高频、超高频和微波系统。低频系统的工作频率一般在 30~300kHz。低频系统典型的工作频率是 125kHz 和 133（134）kHz，有相应的国际标准。其基本特点是标签的成本较低，标签内保存的数据量较少，读写距离较短（通常是 10cm 左右），电子标签外形多样，阅读天线方向性不强，这类标签在畜牧业和动物管理方面应用较多。

中高频系统的工作频率一般为 3~30MHz。这个频段典型的 RFID 工作频率为 13.56MHz，在这个频段上，有众多的国际标准予以支持。其基本特点是电子标签及读写器成本比较低，标签内保存的数据量较大，读写距离较远（可达到 1m 以上），适应性强，性能能够满足大多数场合的需要，外形一般为卡状，读写器和标签天线均有一定的方向性。目前，在我国，13.56MHz 的 RFID 产品的应用相当广泛，如我国第二代居民身份证系统、北京公交"一卡通"、广州"羊城通"及大多数校园一卡通等都是该频段 RFID 系统。

超高频和微波频段典型 RFID 系统的工作频率一般为 0.3~3GHz 或者大于 3GHz。典型的工作频率为 433.92MHz，862（902）~928MHz，2.45GHz 和 5.8GHz。根据各频段电磁波传播的特点，可适用于不同的应用需求，例如，433MHz 有源标签常用于近距离通信及工业控制领域；915MHz 无源标签系统是物流领域的首选；2.45GHz 除被广泛地应用于近距离通信之外，还被广泛地应用于我国的铁道运输识别管理中；5.8GHz 的 RFID 系统更是作为我国电子收费系统、高速公路不停车收费系统的工作频段，并率先制定了国家电子收费系统标准。

4. 按照耦合类型

按照耦合类型，分为电感耦合系统和电磁反向散射耦合系统。在电感耦合系统中，读写器和标签之间的信号传输类似变压器模型。其原理是通过电磁感应定律实现空间高频交变磁场的耦合。电感耦合方式一般适用于中低频工作的近距离射频识别系统，其典型频率有 125kHz，134kHz 和 13.56MHz。其识别距离一般小于 1m，系统的典型作用距离为 10~20cm。

在电磁反向散射耦合系统中，读写器在电子标签之间的通信实现依照雷达系统模型，即读写器发射出去的电磁波碰到标签目标后，由反射信号带回标签信息，依据的是电磁波的空间传输规律。

电磁反向散射耦合系统一般适用于高频及微波频段工作的远距离 RFID 系统，典型频为 433MHz，915MHz，2.45GHz 和 5.8GHz。其识别距离一般在 1m 以上，如 915MHz 无源标签系统的典型作用距离为 3~15m，被广泛地应用于物流、跟踪及识别领域。

射频识别技术在北美、欧洲、澳洲、日本、韩国等国家和地区已经被广泛地应用于工业自动化、商业自动化、交通运输管理等众多领域，如汽车、火车等交通监控，高速公路自动收费系统，停车场管理系统，特殊物品管理，安全出入检查，流水线生产自动化，仓储管理，动物管理，车辆防盗等领域。在我国，由于射频识别技术起步稍晚一些，目前主要应用于公共交通、地铁、校园、社会保障等方面。很多城市陆续采用了射频识别公交一卡通。其中，我国射频标签应用最大的项目是第二代居民身份证。

射频识别技术在未来的发展中，还可以结合其他高新技术（如全球定位系统、生物识别等），由单一识别朝功能识别方向发展。同时，还将结合现代通信及计算机技术，实现跨地区、跨行业的应用。

二、RFID 国内外发展现状

作为一种全新的技术，射频识别在国外发展很快，产品种类较多，因此，应用也很广泛。像 TI，MOTOROLA，PHILIPS 等世界著名厂商都生产 RFID 产品，并且各厂商的产品各具特色。在国外的应用中，已经形成了从低频到高频、从低端到高端的产品系列，并且已经形成了相对比较成熟的 RFID 产业链。

随着 RFID 技术的迅猛发展，RFID 市场潜力巨大。2008 年，全球 RFID 市场总价值达到 52.5 亿美元，RFID 在国外的应用正在迅速发展。国内在低频 RFID 技术应用方面比较成熟，低频 RFID 市场规模较大；在高频 RFID 应用上，国内在铁道、航空、海关、物流和制造业等领域取得到了小规模的应用。5.8GHz 的电子收费系统由国标制定后，正在蓬勃发展。

近年来，RFID 低频产业规模增长幅度很大，高频市场增长较快。继 2006 年 6 月国家科学技术部联合 14 家部委发布了《中国射频识别（RFID）技术政策白皮书》之后，同年 10 月，科学技术部"863"计划先进制造技术领域办公室正式发布《国家商业技术研究发展计划先进制造技术领域"射频识别技术与应用"重大项目 2006 年度课题申请指南》，投入了 1.28 亿元扶持 RFID 技术的研究和应用，对我国 RFID 产业的发展起到了重要的推动作用。据报道，2009 年中国 RFID 产业全年市场规模达到 115 亿元，2010 年达到 300 亿元。2005—2010 年的 RFID 市场规模复合年平均增长率高达 82.4%，可以说，RFID 已是信息技术产业发展的一个新的增长点。

第二节　RFID 系统关键技术

一、读写器

在 RFID 系统中，读写器是核心部件，起到了举足轻重的作用。作为连接后端系统和前端标签的主要通道，读写器主要完成以下功能：①读写器和标签之间的通信功能。在规定的技术条件和标准下，读写器与标签之间可以通过天线进行通信。②读写器和计算机之间可以通过标准接口（如 RS232、传输控制协议/网际协议、通用串行总线等）进行通信。有的读写器还可以通过标准接口与计算机网络连接，并提供本读写器的识别码、读出标签的时间等信息，以实现多个读写器在网络中运行。③能够在有效读写区域内实现多标签的同时识读，具备防碰撞的功能。④能够进行固定和移动标签的识读。⑤能够校验读写过程中的错误信息。⑥对于有源标签，往往能够识别与电池相关的信息，如电量等。

对于多数 RFID 应用系统，读写器和标签的行为一般由后端应用系统控制来完成。在后端应用程序与读写器的通信中，应用系统作为主动方向读写器发出若干命令，获取应用所需的数据，而读写器作为从动方作出回应，建立与标签之间的通信。在读写器和标签的通信中，读写器又作为主动方触发标签，并对所触发的标签进行认证、数据读取等，进而读写器将获得的标签数据作为回应传给应用系统（有源标签也可以作为主动方与读写器通信）。

由此可以看出，读写器的基本作用就是作为连接前向信道和后向信道的核心数据交换环节，将标签中所含的信息传递给后端应用系统，从这个角度来看，读写器可以被看做一种数据采集设备。

读写器的硬件通常由三部分组成：射频通道模块、控制处理模块和天线。

射频通道模块主要完成射频信号的处理，将信号通过天线发送出去，标签对信号作出响应，并将自身信息返回给读写器。

在射频通道模块中，一般有两个分开的信号通道，称为发送电路和接收电路。传送到标签上的数据经过发送电路发送，而来自标签的数据则经过接收电路来处理。

控制处理模块主要由基带信号处理单元和智能单元组成。基带处理单元实现的任务主要有两个：第一，将读写器智能单元发出的命令编码变为便于调制到射频信号的编码调制信号；第二，对经过射频通道模块解调处理的标签回送信号进行处理，并将处理后的结果送入读写器的智能单元中。

从原理上讲，智能单元是读写器的控制核心；从实现角度来讲，通常采用嵌入式微处理器，并通过编制相应的嵌入式微处理器控制程序实现以下功能：实现与后端应用程序之间的 API 规范；控制与电子标签的通信过程；执行防碰撞算法，实现多标签识别；对读写器与标签之间传送的数据进行加密和解密；进行读写器和标签之间的身份验证。

随着微电子技术的发展，以数字信号处理器为核心的，辅助以必要的外围电路，基带信号处理和控制处理的软件化等方法，可以实现读写器对不同协议标签的兼容和改善读写器的多标签读写性，既方便了读写器的设计，又改善了读写器的性能。

读写器射频通道模块与处理模块之间的接口主要为调制、解调信号和控制信号。由于接口位于读写器设备内部，各厂家的约定可能并不相同。实际上，在接口的归属上，业内有不同的意见，不过更为一般的情况是将射频通道模块集成化，提供单芯片的射频通道模块，比如 TI 公司的 S6700 模块等。

后端应用系统与读写器智能单元之间的数据交换通过读写器接口来完成。读写器接口可以采用串口 RS232 或 RS485、以太网接口、USB 接口，还可以采用 802.11b/g 无线接口。当前的发展趋势是集成多通信接口方式，甚至包括全球移动通信系统、通用分组无线业务、码分多址等无线通信接口。

根据应用系统的功能需求和不同厂商的产品接口，读写器具有各种各样的结构和外观形式。例如，根据天线和读写器模块的分离与否，可以分为分离式读写器和集成式读写器，以下详细地介绍。

（一）固定式读写器

分离式读写器最常见的形式是固定式。读写器除天线外，其余部分都被封装在一个固定的外壳内，完成射频识别的功能，构成固定式读写器，天线外接在读写器外壳的接口上。有时，为了减小尺寸和降低成本，也可以将天线和射频模块封装在同一个外壳中，这样就构成了集成式读写器。

从固定式读写器的外观来看，它具有读写接口、电源接口、托架和指示灯等。如果读写器是国外厂商制造的，在电源配置上，可能不统一，各种形式（如 AC110V 或 DC12V 等）都可能存在，因此，在使用时，必须注意产品说明书中的电源配置。

值得一提的是贴牌生产模块。在很多 RFID 应用中，并不需要读写器的外壳封装，同时 RFID 读写器也只作为集成设备中的一个单元。因此，只需要标准读写器前端的射频通道模块，而其后端的控制处理模块和输入输出接口单元则可以大大简化，经过简化后的贴牌生产读写器模块可以作为应用系统设备中的一个嵌入单元。

固定式读写器的另一种形式为工业专用读写器，同时这也是 RFID 的应用领域之一。这类读写器主要针对工业应用，如矿井、畜牧、自动化生产等领域。工业用读写器大都具有现场总线接口，以便于集成到现有的设备中，此外，这类设备还要满足多种不同的应用保护需求，如矿井专用的读写器必须有防爆功能。

发卡机也是一种常见的固定式读写器，主要用来对标签进行具体内容的操作，包括建立档案、消费、挂失、补卡和信息修改等，它通常与计算机放在一起。从本质上看，发卡机实际上是小型射频标签读写装置。发卡机经常与发卡管理软件联合起来使用。发卡机的主要特点是发射功率小、读写距离短，所以，通常只固定在某一地点，用于标签发行及为标签使用者提供挂失、充值等各种服务。

（二）便携式读写器

便携式读写器是典型的集成式读写器，是适合用户手持使用的一类 RFID 读写装置，常用于动物识别、巡检、付款扫描、测试、稽查和仓库盘点等场合，从外观上看，便携式读写器一般带有液晶显示屏，并配有键盘来进行操作或者输入数据，也可以通过各种选接口来实现与计算机的通信。与固定式读写器的不同点在于，便携式（或简称为手持式）读写器可能会对系统本身的数据存储量有要求，同时对某些功能进行了一定的缩减，如有些仅限于读取标签数据，或读写距离有所缩短等。

便携式读写器一般采用大容量可充电的电池进行供电，操作系统可以采用 WinCE、Linux 等嵌入式操作系统。根据使用环境不同，便携式读写器还需要具备一些其他特性，如防水、防尘等。

随着条形码的大量使用，可以在便携式读写器上加一个条形码扫描模块，使之同时具备 RFID 识别和条形码扫描的功能。部分读写器甚至还加上了红外、蓝牙及全球移动通信系统等功能。

从原理上讲，便携式读写器的基本工作原理与一般读写器大致相同，同时还具有以下一些自身的特性。

省电设计。便携式读写器由于要自带电源工作，因而其所有电源需求大多由内部电池供给。由于读写功率要求、电源转换效率和对设备长时间工作的期望等因素，省电设计已经成为便携式读写器需要考虑的重要问题之一。

自带操作系统或监控程序。由于便携式读写器在大多数情况下是独立工作的，因而必须具备小型操作系统。一种较为简便的处理方法是采用监控程序代替操作系统，但系统的可扩展性会受到较大的影响。

天线与读写器的一体化设计。便携式的特点决定了读写器主机与天线应当采用一体化的设计方案。在个别情况下，也可以采用可替换的外接天线，以满足不同读写范围和距离的要求。

目前，便携式读写器的需求量很大，其价格可能更低。在通常情况下，便携式读写器是一种功能有缩减、适合短时工作、成本相对低廉且方便手持的设备。在成熟的 RFID 应用系统中，便携式读写器很可能是应用最为广泛的一类设备，大多数 RFID 系统都需要配备便携式读写器。

二、标签

射频标签即 RFID 标签（也称为电子标签、射频卡等），有源标签除了没有与计算机接口电路外，有点类似读写器，其本身就是终端机具，以下主要讨论无源标签，它是指由集成电路芯片和微型天线组成的超小型的小标签。标签中一般保存约定格式的电子数据，在实际应用中，标签附着在待识别物体的表面。存储在芯片中的数据，可以由读写器通过电磁波以非接触的方式读取，并通过读写器的处理器进行信息的解读，并可以进行修改和管理。按照一般的说法，RFID 标签是一种非接触式的自动识别技术，可以理解为目前使用的条形码的无线版本。无源标签十分方便于大规模生产，并能够做到日常免去维护的麻烦，因此，RFID 标签的应用将给零售、物流、身份识别、防伪等产业带来革命性的变化。

RFID 射频系统工作时，读写器发出查询信号，标签收到该信号后，将一部分整流为直流电源提供无源标签内的电路工作，另一部分能量信号将电子标签内保存的数据信息调制后返回读写器。读写器接收反射信号，从中提取信息。在系统工作过程中，读写器发出的信号和接收反射回来的信号是同时进行的，但反射信号的强度比发射信号要弱得多。

标签是物品身份及属性的信息载体，是一个可以通过无线通信的、随时读写的"条形码"加上标签的其他优点（如数据存储量相对较大，数据安全性较高，可以多标签同时识读等），使得 RFID 的应用前景十分广阔。

在此说明 RFID 标签和条形码的共性与区别。条形码在提高商品流通效率方面起到了积极的作用，但是自身也存在一些无法克服的缺陷。比如，扫描仪必须"看到"条形码才能读取，因此，工作人员必须亲手扫描每件商品，将商品条码接近光学读写器，才能读取商品信息，不仅效率低，而且容易出现差错。另外，如果条码被撕裂、污损或者丢失，扫描仪将无法扫描。此外，条形码的信息容量有限，通常只能记录生产厂商和商品类别，即使目前最先进的二维条形码，对于沃尔玛或者联邦快递这样的使用者来说，信息量的可用程度已经捉襟见肘。更大的缺陷在于用红外设备进行扫描，无法穿透商品包装，更难以实现大批量或移动物品的识别与统计。

RFID 的出现使这一情况大大改观。RFID 可以让物品实现真正的自动化管理，不再需要接触式扫描。在 RFID 标签中，存储着可以互用的规范信息，通过无线通信，可以将其自动采集到计算机信息系统中，RFID 标签可以以任意形状附带在包装中，不需要条形码那样固定占用某块空间。另一方面，RFID 不需要人工去识别标签，读写器也可以以一定的时间间隔在其作用范围内扫描，从而得到商品的位置和相关数据。

这里需要说明的是，RFID 标签的成本和 RFID 系统的成本比条形码高很多，因此，条形码的存在仍然是长期的，尤其是低端类产品的标识。目前，RFID 标签可能更适合高端产品或者包装箱。RFID 和条形码的并存形成了良好的互补，例如，很多商家将已装箱内的物品以条形码标识，而在包装箱（或托盘、集装箱等）外使用 RFID 标签（包含箱的识别号和箱内物品的品种及数量等），这是一种非常科学的搭配使用方法。

根据射频识别系统不同的应用场合和不同的技术性能参数，考虑到系统的成本、环境等要求，可以将 RFID 标签采用不同材料封装成不同厚度、不同大小、不同形状的标签。下面介绍几种不同形状的标签。

（一）信用卡与半信用卡标签

信用卡标签和半信用卡标签是电子标签常见的形式，其外观大小类似于信用卡，厚度一般不超过 3mm。

（二）线形标签

线形标签的形状主要由附着的物品形状决定，如固定在卡车车架上或者异形集装箱等大型货物的识别。

（三）盘形标签

盘形电子标签是将标签放置在丙烯脂、丁二烯、苯乙烯喷铸的外壳里，直径从几毫米到 10cm。在中心处，大多有一个用于固定螺钉的圆孔，适用的温度范围较大，如动物的耳标。

（四）自粘标签

自粘标签既薄又灵活，可以被理解为一种薄膜型构造的标签，通过丝网印刷或刻蚀技术，将标签安放在只有 0.1mm 厚的塑料膜上。这种薄膜往往与一层纸胶黏合在一起，并在背后涂上胶黏剂。具有自粘能力的电子标签可以方便地附着在需要识别的物品上，可以做成具有一次性粘贴或者多次粘贴的形式，主要取决于具体应用的不同需求。

（五）片上线圈

为了进一步微型化，可以将电子标签的线圈和芯片结合成整体，即片上线圈。片上线圈是通过特殊的微型电镀过程实现的。这种微型电镀过程可以在普通的互补金属氧化物 MOS 生产工艺晶片上进行。线圈作平面螺旋线直接排列在绝缘的硅芯片上，并通过钝化层中的掩膜孔开口与其下的电路触点接通。这样，可以得到宽度为 5 耀 $10\mu m$ 的导线。为了保证线圈和芯片结合体中的非接触存储器组件的机械承受能力，最后要用聚酰胺进行钝化。

（六）其他标签

除了以上主要的结构形式外，还有一些专门应用的特殊结构标签。如 PHILIPS 公司的塑料 RFID 标签。

第三节 RFID 分类方法

分析 RFID 分类方法有助于我们认识 RFID 技术的基础和本质，也是表达知识和描述事物特征的重要手段，例如我们通常会这样描述某个产品：13.56 MHz 无源 2KB 射频卡，或是带有两个圆极化天线的超高频固定式读写器等。类似的描述实际上同时使用了多种分类方法来缩小特指的范畴，这是因为 RFID 技术诞生以来，在使用频率、交互原理、RFID 设备以及安全算法等方面都呈现出多样化的趋势，很难找到一种方法实现对所有 RFID 系统的分类。和其他分类体系一样，RFID 分类方法也具有其特定的设计目的和使用环境，例如对 RFID 应用进行分类是将具有相同特征的 RFID 应用，按照一定的原则进行区分和归类，为各领域各行业的有关业务和技术人员提供简单、便捷、系统的手段，更容易在 RFID 应用层面进行沟通与规划，以及更有利于技术人员设计和开发特定业务领域的 RFID 系统。下面就对 RFID 的主要分类方法做一介绍。

一、根据使用频率进行分类

RFID 系统主要依赖电磁波传播，除了交互原理外，不同的发射频率还会在 RFID 系统的读/写距离、数据传输速率和可靠性等参数上产生比较大的差异。可以说 RFID 系统的工作频率是决定应用性能和可行性的主导因素。

目前，国际上常用的 RFID 系统大多工作在 ISM（Industrial、Scientific and Medical）频

段，即供工业、科研及医疗机构使用的专用频段。

RFID 系统主要工作在以下四个频段：

低频（LF，135 kHz）。使用这个频段的系统有一个缺点，识读距离只有几厘米，但是由于该频段的信号能穿透动物体内的高湿环境，因此被广泛应用于动物识别。

高频（HF，13.56 MHz）。这是一个开放频段，标签的识读距离最远为 1 m~1.5 m，写入距离最远也可达 1 m。在这个频段运行的标签绝大部分是无源的，依靠读写器供给能源。采用这个频段的 RFID 系统已经非常成熟，有着广泛的应用基础。我国的居民第二代身份证、学生证铁路优惠卡等项目都采用这个频段的 RFID 产品。

超高频（UHF，433 MHz、860 MHz~960 MHz）。这个频段的标签和读写器在空气中的有效通信距离最远。这个频段的信号虽然不能穿透金属和湿气，但是数据传输速率更快，并可同时读取多个标签。860 MHz~960 MHz 是 ISO 规定的无源超高频设备使用的频段，但是这个频段在各国均被分配为移动通信专用频段，频谱资源比较紧张，不同国家之间会产生一定程度的频率冲突。

微波（MW，2.45 GHz、5.8 GHz）。这个频段的优势在于其受各种强电磁场（如电动机、焊接系统等）的干扰较小，识别距离介于高频和超高频系统之间，而且标签可以设计得很小，但是成本较高。

二、根据交互原理进行分类

在目前广泛应用的 RFID 技术体系中，电感耦合和电磁反向散射耦合是 RFID 标签与读写器间数据交互的主要技术原理。此外还有声表面波技术和有机 RFID 技术等不太常见的技术体系，作为一种无芯片（chipless）技术也在特殊应用领域占有一小部分的市场。

（一）电感耦合

读写器线圈的近场辐射通过电感耦合的方式供给标签能量，同时通过负载调制方法读取标签内容。由于近场辐射强度随着距离的增加有很大衰减，采用这种技术的 RFID 系统只能用在近距离范围内（1 m 以内）。其原理与变压器的工作原理相同，因此又称为变压器模型，读写器天线产生一个电磁场，标签线圈通过该磁场感应出电压，以提供给标签工作的能量。从读写器到标签的数据传输是通过改变传输场的一个参数来实现的（幅度、频率或者相位）。从标签返回的数据传输通过改变场的负载来实现（幅度和/或相位）。

该交互方式适用于近场耦合，普遍用于低频和高频近距离 RFID 系统，识别距离小于 1 m，典型作用距离为 10 cm~20 cm。其读写器和标签天线均采用 LC 谐振电路。为了使得从读写器传输到标签的能量最大化，需要将谐振回路精确调谐在谐振频率上（如 HF 的 13.56 MHz），读写器和标签之间的通信是通过读写器将要传输的数字基带信号通过幅度调制（AM）变成调幅波传输给标签。标签的内部电路，能够检测到接收的已调信号，并且从中解调出原始的基带信号。

读写器因为有电源能量供应，所以具有传输和调制信号的能力，但是对于一个被动式（无源）的标签，则通过电感耦合的方式把信号反馈给读写器。在电感耦合（变压器模型）中，如果副端的阻抗变化，那么原端的电压或电流也会发生相应的变化。电感耦合的标签和读写器之间的通信就是基于这一原理。标签天线通过其内部的芯片来改变接收天线的阻抗，从而不断调整频率，使得反馈回的信号频率和读写器的发射频率一致。

但是，实际情形远比简单物理模型复杂。被动式标签的反馈信号的强度有限，如果反馈回的信号频率和读写器的频率一致，会导致反馈回的微弱信号被读写器的发射信号淹没，从而导致读写器不能检测到反馈回的信号。为了解决这一问题，通常的方法是并不简单地使反馈信号的频率和读写器的频率一致，而是通过一个标签内部电路对反馈信号进行一定的调制，达到频谱搬移的目的，在读写器端只须检测到搬移后的边带即可。

（二）电磁反向散射耦合

电磁反向散射耦合主要用于远距离读取的超高频和微波系统中。远场的电磁传播基于电磁波的空间传播规律，发射后的电磁波遇到目标后，一部分能量被标签吸收用来对内部芯片进行供电，另一部分能量通过电磁反向散射的方式被反射回读写器，同时带回目标信息。其原理与雷达工作原理相同，因此又称为雷达模型。该交互方式主要用于超高频和微波频段的远场交互中。所谓远场就是电磁理论中电场和磁场分量同时在导体（天线）中作用（相互激发），然后以电磁波的形式传播到自由空间的场。

在一些传输体系中，例如传输线（同轴电缆等），这种电磁波的传输是要尽可能限制的，因为它会带来额外的能量损耗。但是在雷达模型中却刚好相反，电磁波的传输是受到激励的。在远场工作状态下，RFID 标签天线一般为偶极子天线，理论计算表明，为了达到最大的能量传输效率，偶极子的长度必须等于 $\lambda/2$，在 UHF 频段约为 16 cm。在实际中，一般偶极子天线是使用两个 $\lambda/4$ 长度的天线构成。如果背离这一尺寸，可能会对性能产生影响。

（三）表面声波（Surface Acoustic Wave，SAW）

声表面波是沿物体表面传播的一种弹性波，由英国物理学家瑞利（Rayleigh）在 19 世纪 80 年代研究地震波的过程中偶尔发现。利用声表面波原理设计的 RFID 标签出现于 20 世纪 80 年代末，其基本结构是在具有压电特性的基片材料抛光面上制作两个声电换能器，也称叉指换能器。分别作为输入换能器和输出换能器。换能器的两条总线与 RFID 标签天线相连，换能器之间的晶体表面设有按照特定的规律设计的反射器组用以表示编码信息。当声表面波 RFID 标签接收到高频脉冲后，输入换能器将高频脉冲转换为声表面波，并沿晶体表面的反射器组传播，反射器组对入射表面波部分反射，再经过输出换能器将反射声脉冲串重新转换为高频电脉冲串，从而达到数据交互的目的。由于声表面波 RFID 标签是在单晶材料上用半导体平面工艺制作的，抗辐射能力强，动态范围大，具有良好的一致性，适用于大批量生产，但制作工艺要求精度高，成本比较昂贵。

（四）有机印刷

近年来出现的有机 RFID 标签技术采用有机薄膜晶体管（OTFT）使 IC 电路直接制备在便宜的塑料基底上，通过印刷方式进行批量生产，从而替代硅片，降低标签成本。其基本交互原理同基于硅片制备的 RFID 标签一样，也是基于电感或电磁耦合实现自动识别，二者的主要区别在于基底材料和加工工艺的不同，在此也作为一种新技术进行简单介绍。

有机 RFID 标签力图通过印刷电子技术，使用金属和有机墨水将有机薄膜晶体管直接制备在同一衬底上形成标签芯片和天线，再通过卷对卷印刷技术批量生产，使制造工艺得到简化，制造成本也大大降低。1997 年，第一个完全由高分子制备的有机 RFID 标签诞生；2003 年采用并五苯（Pentacene）导电材料制作的存储容量为 1 位、频率为 125 kHz 的有机 RFID 标签面世；2006 年又有公司开发出使用 Poly-3-alkylthiophene（P3AT）材料制作的 8 位 RFID 标签，集成了数百个有机晶体管，使用寿命可达一年；2007 年，工作频率为 13.56 MHz、存储容量为 32 位和 64 位有机 RFID 标签在德国有机电子大会（OEC-07）的票证管理中正式商用，但总体来说，有机 RFID 技术还处于实验室研发阶段，需要一段时间才能真正进入市场。

三、RFID 标签分类

RFID 标签形状、大小各不相同，被设计用于不同的环境和条件下。通常可按下列方法对标签进行分类：

（一）能量供给

标签可以通过读写器发射的无线电信号产生感应电势差而获得电源，也可以由内置的电池驱动。前者称为被动标签，后者为主动标签。被动标签范围为几厘米到 10 m，而主动标签读取距离可达 1~200 m。由于标签读取距离扩大后必须考虑诸如多标签防碰撞算法等复杂问题，因此主动标签比被动标签成本要高，使用期限也受到电池的制约。

（二）环境

标签有温度和湿度的环境限制。通常制造商会说明标签工作的最佳温度范围、标签安全存储的温度范围和湿度范围等。

（三）天线

天线的形状和尺寸决定它能感应的频率范围等性能。频率越高，天线越灵敏，面积也更小。标签天线有偶极子、微带面、缝隙式和线圈式四种类型：偶极子天线的长度决定频率范围；微带面天线又称为贴片天线，由一块末端带有长方形的电路板构成，长方形的长、宽决定频率范围；缝隙式天线是由金属表面切出的凹槽构成；线圈式天线是将金属线盘绕成平面或将金属线缠绕在磁心上。标签天线由金属或导电油墨制成，基于低成本和良好的导电性的考虑，铜制的标签天线最普遍，为了提高性能，有时也用金、银、铝等贵金属做天线。

(四) 内存容量

标签容量根据自由内存空间的大小决定。内存空间分为两类，只读和可读写。可读写标签又有两种类型，一种是只能向标签中写一次，另一种是可重复擦写。可读写标签使用 EEPROM 或 FRAM，可以在断电的情况下保存内部数据。

(五) 逻辑

带有逻辑功能的标签可以触发事件，如超市防盗标签在能感应的区域内提醒保安可能存在盗窃行为。标签内微处理器还可以支持加密算法。但是高端微处理器需要能量较多，主要应用于主动标签。

(六) 应用模式

RFID 标签的应用方式可分为粘贴式、可拆卸式、内置式和流动式。粘贴式标签一旦贴上就不能摘下，而可拆卸式标签则可以重复使用。内置式标签被设计成物体永久的一部分，用于长期监控。流动式标签是指 RFID 证卡、ATM 卡等可以随身携带的标签。

四、根据读写器和天线进行分类

读写器和读写器天线可以从以下五个方面进行区分。

(一) 极化方式

读写器天线根据感应区域的形状分为线性和圆极化两种类型。线性天线产生一个集中定向的电磁场，读取标签的范围更远、穿透性更强，但标签必须在天线明确的方位区域内才能接收信号。圆极化天线产生一个非定向的感应场来激发标签，天线和标签之间没有明确的方向性，环状电磁波增加了标签天线捕捉信号的概率，但读取范围比线性天线短。

(二) 天线数量

一台读写器可以同时驱动多个天线，典型的产品有一带一、一带二、一带四等。为了便于携带，读写器天线还可以与读写器合成为一体。

（三）协议

大多读写器只能支持单一协议通信，这就意味着它们只能读取基于 ISO 标准的标签，或是基于 EPC 标准的标签。但是如果应用中用到不同标准的标签，读写器可以同时了解如何与这几种类型的标签进行通信，它就可以称为多协议读写器。

（四）接口

RFID 读写器可以与企业基础设施的输入、输出端如以太网（RJ-45）、串口通信（RS-232）、无线局域网（802.11）、USB 以及其他公用和专利标准共享信息。这些端口允许读写器向现有的基础设施发出和接收信息和指令，如从传送带上读取信息后传输给 ERP 系统，服务器也可以发送信号使读写器打开或关闭。

（五）便携性

RFID 读写器既可以固定在一处，也可以被使用者手持带往各处。固定读写器通过改变天线的放置位置，能够接收到不同位置标签的信号。手持式 RFID 读写器将天线和用户界面结合在一起，可以通过串口、TCP/IP 或其他接口（如蓝牙、GPRS 等无线方式）传输数据。

五、根据安全算法进行分类

在一个 RFID 系统中，标签和读写器传输过程中的数据类型和数据处理方式对 RFID 系统功能的实现起到至关重要的作用。如 EPC Class1 Gen2 标签有 96 位的认证位，在几个毫秒内，依次对这些信息进行采样、译码、过滤、分析和反馈。这个过程涉及许多硬件，共同构成了物联网的基础设施。数据在读写器和后台服务器间传输时，标签中未加密的数据可以被任何人窃取。因此，使用加密算法对数据进行保护非常重要。通常有三种方法用来保护数据安全。

（一）公共算法

标签和读写器采用已经成熟的加密技术和公共信息。常见的有共享密钥（shared key）、导出密钥（derived key）、3DES（Triple Data Encryption Standard）和流密码（stream cipher）等算法。算法的选择很大程度上与标签的计算处理能力有关。复杂的算法需要协处理器和更多的能耗，这会增加标签的成本。

（二）专有算法

一些制造商也开发出专用的数据算法，这些算法不是基于公共标准的。使用了这种系统，客户再想使用由不同厂家提供的标签和读写器就存在兼容问题。所有客户只能选择同一供应商的设备。

（三）不加密

基于网络安全机制，标签的数据只是一个唯一编码，可以完全不加密，与这个唯一编码对应的代表特殊意义的数据存储于安全数据库。读取标签数据后，读写器将标签的唯一编码发送给安全服务器，安全服务器对该请求进行安全验证，搜索数据库并调出所需数据，数据由服务器加密后发送给读写器。这样，不通过安全验证将得不到任何有用的信息，只要攻击者不能进入数据库，恶意获取的代码资料是没有任何意义的，个人隐私从而得到保护。

第四节　RFID 基准测试

RFID 检测技术是 RFID 应用关键技术之一，是为解决传统 RFID 应用部署中所遇到的可靠性、互操作性及一致性等问题。通过一系列科学的基准测试方法建立产品数据库，作为使用者进行设备选型的参考依据，进一步还可以在应用现场高效地实现系统优化，保证 RFID 应用部署的可靠性。RFID 基准测试技术是在 RFID 系统设备选型和现场部署阶段，通过设计科学的测试方法、测试工具和测试系统，实现对一类测试对象的某项性能指标进行定量的和可对比的测试，以建立科学、统一的 RFID 系统评价标准。

一、RFID 基准测试的分类

根据测试目的的不同，RFID 基准测试技术可分为针对设备性能的 RFID 系统测试及针对应用效果的 RFID 应用测试。其中，RFID 系统测试是为了确保 RFID 项目的成功实施，通过第三方测试机构对 RFID 产品及系统性能指标所做出的科学评价。测试对象是 RFID 单品设备，如 RFID 标签、读写器、天线、中间件等。RFID 应用测试则是在现场部署前利用现场环境对系统的架构和设备性能进行的验证性测试，以检验系统设备受到环境因素影响的显著性，并根据环境对 RFID 系统进行优化，降低 RFID 部署的实施风险。测试对象是环境因素影响下的 RFID 系统。

二、RFID 基准测试的挑战

对于 RFID 系统集成和应用部署类的项目，测试工作量已占到整个工程的 60% 以上。尽管目前已有不少针对 RFID 设备的测试方法正在使用，但是由于在测试原理、测试方法、测试系统和数据处理等方面都缺乏方法学的指导，造成这些测试方法的使用范围具有很大的局限性，难以获得广泛认可。RFID 性能基准测试方法学通过规范流程，统一 RFID 标签、读写器和天线，准确物理参数和系统状态的测量和实验方法，可在产品生命周期的多个阶段发挥作用。对 RFID 基准测试方法学进行专门研究，一方面有助于规范和统一现有的 RFID 测试方法和手段，另一方面也有助于指导新的测试工作更加科学、有序地进行。

为了统一 RFID 性能测试的概念与方法，ISO/IEC 18046：2006《信息技术——自动识别和数据采集技术——射频识别设备性能测试方法》中给出了 RFID 性能测试的一般概念和影响变量，将短距离和长距离 RFID 设备性能测试中各种自变量对系统性能的影响定义为使用六个因变量来表达，即识别范围（identification range）、识别速率（identification rate）、读范围（read range）、读速率（read rate）、写范围（write range）、写速率（write rate）。该标准的测试对象是 RFID 系统而非系统中的每个设备，因此可能产生一种后果，即系统中任何一部分的改变都将使测试结果失效。例如，更换一种 RFID 标签后，识别范围就将根据新 RFID 标签的天线设计发生变化，而读速率也将受到新 RFID 标签的 IC 设计影响，原有的测试结果就无法再利用。为了全面获得 RFID 系统整体的性能参数，只能对不同设备的组合进行一一测试，这将极大增加测试的工作量。事实上，ISO/IEC 18046 中给出的系统性能因变量还可以再分解为系统中每个设备的独立性能指标，以此实现的单品基准测试可以更加准确地表现出设备的性能指标，节省测试的时间和成本，获得更有价值的 RFID 产品性能数据库。

针对 RFID 测试方法的研究于 20 世纪 90 年代中期开始出现，自 2001 ISO/IEC JTC1/SC 31 "自动识别和数据获取技术（Automatic Identification and Data Capture Techniques）"标准委员会下设的 WG4 "物品管理中的 RFID（RFID for Item Management）"标准工作组正式成立后形成热潮。但是到目前为止所取得的成果多为对单一影响因素的测试和分析，尚未出现一套系统和有效的数学模型和科学手段来分析单个（及多个）环境因子对 RFID 系统性能的影响。

总体来说，RFID 基准测试研究主要面临的挑战包括以下三个方面：

（一）准确评估环境因子给 RFID 产品性能带来的影响

RFID 系统性能受到多方面因素的影响，在不同应用环境下表现出的差异性也较大。对使用者而言，由于 RFID 产品和系统设计所需要的测试环境、测试工具和测试设备往往比较昂贵，且测试体系和判断依据不统一，所以很难获得产品选型的科学评价依据，大都只能依据个人经验进行设备选型。对研究者而言，由于缺乏适当的试验方法来分析温湿度、电磁干扰、标签所附介质材料、相对距离、相对角度、运动速度等与应用环境相关的因子对 RFID 系统性能的影响，因此不仅难以给出众多环境因子对因变量的显著性影响，而且也很难得到多个因子交互作用下的优选方案。

（二）系统评价 RFID 设备差异对性能基准模型带来的影响

由于市场上充斥着不同规范、不同品牌的 RFID 产品，包括 RFID 标签、读写器、天线等，不同厂家的产品之间存在很大的性能差异，即使是同一厂家同一批次的产品，往往也会由于加工工艺等方面的原因，难以保证很好的一致性，因此 RFID 基准测试性能模型在设计时必须考虑 RFID 设备之间存在的差异性。基准模型一旦设计好，就可通过合理的性能测试方法、工具和系统来获得产品的准确信息，不再依赖工程师的个人经验和试错法来满足性能和可靠性的要求。基准模型会大大降低应用部署时对企业业务流程的影响，在时间和成本上都更容易被使用者接受。

（三）有效解决 RFID 应用测试中的组合爆炸问题

对 RFID 系统最常见的仿真就是利用电磁波在自由空间的传播公式来估算，进一步还可利用加入多径效应后的拟合公式，但是这种仿真方法得到的结果在现场应用环境中并不理想。精确的电磁波传播数学模型只能通过有限元法建立，但是计算过程又很烦琐，因此目前的 RFID 应用测试多采用在实验室中建立一个与实际场景类似的模拟应用环境进行测试。由于应用中对 RFID 系统性能造成影响的因子很多，因此对所有的参数进行全组合测试的代价是非常高的。假设应用环境中包括 6 个自变量，为每个自变量设置 5 个水平，每组试验重复 10 次，由此生成的全组合试验将会超过 15 万组。由此引发的复杂性将导致测试结果无法用简单平均值来表示，而需要新的方法来建立一个高效的可控输入与可观输出的参考模型。

三、RFID 基准测试的价值

开发 RFID 测试系统、建立 RFID 公共测试平台、开展 RFID 产品与系统测试服务既是推动我国 RFID 技术发展的需要，也是促进 RFID 应用推广的需要。RFID 基准测试可以在以下方面发挥价值：

建立科学、统一、规范的 RFID 测试方法体系。现有 RFID 测试方法多针对应用中发现的独立问题进行评估，测试模型不通用，测试结果也不具有可比性，因此经常会出现重复劳动和资源浪费。科学、统一、规范的 RFID 测试方法体系有助于指导使用者分析 RFID 设备在实际应用中出现的主要问题和影响因素，提出合理的解决方案，为设备选型和部署提供指导依据。

设计高效的 RFID 系统集成方案。统一的测试方法体系使得不同测试地点进行的测试结果之间具有可比性，进而可以建立通过网络共享的 RFID 系统性能数据库。使用者在现场应用前可以利用数据库中存储的 RFID 设备性能参数进行设备选型和仿真部署，避免现场调试给生产带来的连续冲击，保障 RFID 应用的顺利实施。

　　降低 RFID 产品和系统设计的初期投入。RFID 技术利用电磁波进行非接触识别，其性能受到各方面因素的影响，不同应用环境下的性能不尽相同，开发专用的 RFID 测试仪器、测试工具和测试系统，不仅可协助 RFID 应用最终用户解决 RFID 应用部署中的实际问题，还有利于提高系统集成的效率，降低应用成本。

　　寻找改进 RFID 系统性能的突破口。通过与同类产品的性能对比，可以了解 RFID 产品的应用特点和适用领域，方便 RFID 应用最终用户选型；通过评估实际产品与设计指标的差异，还可以协助 RFID 研发机构和制造企业找到产生这些差异的原因并加以改进，优化产品设计，提高系统性能。

　　为中小企业科技创新提供支撑条件平台。通过建立 RFID 技术的测试标准体系和 RFID 公共测试平台，有助于为 RFID 研发机构和制造企业创造良好的基础支撑条件，特别是为中小企业提供各类信息服务和技术检测、技术咨询等技术服务，从而推动我国 RFID 技术、产业和应用的持续发展。

第三章　物联网规划设计与构建

物联网技术的核心是利用各种通信设备和线路（包括有线和无线）连接设备将分布在不同地理位置、功能各异的物品连接起来，用功能完善的软件系统包括通信协议实现数据传输及资源共享。将物品有机地组成一个物联网的过程称为组网。构建一个物联网需要考虑许多问题，在构建之前要根据用户需要进行很好的规划设计。

本章首先介绍有关物联网规划设计的一些基本知识，包括设计原则、步骤等；然后重点讨论物联网应用系统的规划、设计、系统集成方法，并给出物联网在经济领域、公共管理领域和公众服务领域的具体应用系统，最后讨论传感网广域互联的技术方法。

第一节　物联网设计基础

由物联网的英文名"Internet of Things"可知，物联网就是物物互联的信息网络。这样表述有两层含义：一是物联网的核心承载网络是互联网；二是物联网的客户端延伸和扩展到了任何物品与物品之间，并能进行数据交换和通信。这里的"物"要满足以下条件才能够被纳入"物联网"的范围：①有相应信息的接收器和发送器；②有数据传输通路；③有一定的存储功能；④有CPU；⑤有操作系统；⑥有专门的应用程序；⑦遵循物联网的通信协议；⑧在网络中有可被识别的唯一编号。

一、物联网规划设计的原则

概括而言，物联网是一种信息网络。借鉴互联网建设的经验和教训，任何网络建设方案的设计都应坚持实用性、先进性、安全性、标准化、开放性、可扩展性、可靠性与可用性等原则。

（一）实用性和先进性原则

在设计物联网系统时首先应该注重实用性，紧密结合具体应用的实际需求。在选择具体的网络通信技术时一定要同时考虑当前及未来一段时间内主流应用技术，不要一味地追求新技术和新产品，一方面新的技术和产品还有一个成熟的过程，立即选用可能会出现各种意想不到的问题；另一方面，最新技术的产品价格肯定非常昂贵，会造成不必要的资金浪费。组建物联网时，尽可能采用先进的传感网技术以适应更高的多种数据、语音（VoIP）、视频（多媒体）的传输需要，使整个系统在相当一段时期内保持技术上的先进性。

性价比高，实用性强，这是对任何一个网络系统最基本的要求。组建物联网也一样，特别是在组建大型物联网系统时更是如此。否则，虽然网络性能足够了，但如果企业目前或者未来相当长一段时间内都不可能有实用价值，就会造成投资的浪费。

（二）安全性原则

根据物联网自身的特点，它除了需要解决通信网络的传统网络安全问题之外，还存在一些与已有网络安全不同的特殊安全问题。例如：物联网机器/感知节点的本地安全问题，感知网络的传输与信息安全问题、核心承载网络的传输与信息安全问题，以及物联网业务的安全问题等。物联网安全涉及到许多方面，最明显、最重要的就是对外界入侵、攻击的检测与防护。现在的互联网几乎时刻受到外界的安全威胁，稍有不慎就会被病毒、黑客入侵，致使整个网络陷入瘫痪。在一个安全措施完善的网络中，不仅要部署病毒防护系统、防火墙隔离系统，还可能要部署入侵检测、木马查杀和物理隔离系统等。当然所选用系统的具体等级要根据相应网络规模大小和安全需求而定，并不一定要求每个网络系统都全面部署这些防护系统。

除了病毒、黑客入侵外，网络系统的安全性需求还体现在用户对数据的访问权限上，一定要根据对应的工作需求为不同用户、不同数据域配置相应的访问权限。同时，用户账户（特别是高权限账户）的安全也应受到重视，要采取相应的账户防护策略（如密码复杂性策略和账户锁定策略等），保护好用户账户，以防被非法用户盗取。

（三）标准化、开放性和可扩展性原则

物联网系统是一个不断发展的应用信息网络系统，所以它必须具有良好的标准化、开放性、互联性与扩展性。

标准化是指积极参与国际和国内相关标准制订。物联网的组网、传输、信息处理、测试、接口等一系列关键技术标准应遵循国家标准化体系框架及参考模型，推进接口、架构、协议、安全、标识等物联网领域标准化工作；建立起适应物联网发展的检测认证体系，开展信息安全、电磁兼容、环境适应性等方面监督检验和检测认证工作。

开放性和互联性是指凡是遵循物联网国家标准化体系框架及参考模型的软硬件、智能控制平台软件、系统级软件或中间件等都能够进行功能集成、网络集成，互联互通，实现网络通信、资源共享。

扩展性是指设备软件系统级抽象、核心框架及中间件构造、模块封装应用、应用开发环境设计、应用服务抽象与标准化的上层接口设计、面向系统自身的跨层管理模块化设

计、应用描述及服务数据结构规范化、上下层接口标准化设计等要有一定的兼容性，保障物联网应用系统以后扩容、升级的需要，能够根据物联网应用不断深入发展的需要，易于扩展网络覆盖范围、扩大网络容量和提高网络功能，使系统具备支持多种通信媒体、多种物理接口的能力，可实现技术升级、设备更新等。

在进行网络系统设计时，在有标准可执行的情况下，一定要严格按照相应的标准进行设计，而不要我行我素，特别是节点部署、综合布线和网络设备协议支持等方面。只有基于开放式标准，包括各种传感网、局域网、广域网等，再坚持统一规范的原则，才能为其未来的发展奠定基础。

（四）可靠性与可用性原则

可靠性与可用性原则决定了所设计的网络系统是否能满足用户应用和稳定运行的需求。网络的"可用性"体现在网络的可靠性及稳定性方面。网络系统应能长时间稳定运行，而不应该经常出现这样或那样的运行故障，否则给用户带来的损失可能是非常巨大的，特别是大型、外贸、电子商务类型的企业。当然这里所说的"可能性"还表现在所选择产品要能真正用得上，如所选的服务器产品支持 UNIX 系统，而用户系统中根本不打算用 UNIX 系统，则所选择的服务器就用不上。

电源供应在物联网系统的可用性保障方面也居于重要地位，尤其是关键网络设备和关键用户机，需要为它们配置足够功率的不间断电源（UPS），以免数据丢失。例如，服务器、交换机、路由器、防火墙等关键设备要接在有 1 h 以上（通常是 3 h）的 UPS 电源上，而关键用户机则需要支持 15 min 以上的 UPS 电源。

为保证各项业务应用，物联网必须具有高可靠性，尽量避免系统的单点故障。要在网络结构、网络设备、服务器设备等各个方面进行高可靠性的设计和建设。在采用硬件备份、冗余等可靠性技术的基础上，还需要采用相关的软件技术提供较强的管理机制、控制手段和事故监控与网络安全保密等技术措施，以提高整个物联网系统的可靠性。

另外，可管理性也是值得关注的。由于物联网系统本身具有一定复杂性，随着业务的不断发展，物联网管理的任务必定会日益繁重。所以在物联网规划设计中，必须建立一套全面的网络管理解决方案。物联网需要采用智能化、可管理的设备，同时采用先进的网络管理软件，实现先进的分布式管理，最终能够实现监控、监测整个网络的运行情况，并做到合理分配网络资源、动态配置网络负载、迅速确定网络故障等。通过先进的管理策略、管理工具来提高物联网的运行可靠性，简化网络的维护工作，从而为维护和管理提供有力的保障。

二、物联网规划设计的步骤

物联网规划是在用户需求分析和系统可行性论证的基础上，确定物联网总体方案和网络体系结构的过程。网络规划直接影响到物联网的性能和分布情况，它是物联网系统建设的一个重要环节。

（一）用户需求调查与分析

物联网是在计算机互联网的基础上，利用射频识别、无线数据通信、计算机等技术，构造一个覆盖世界上万事万物的实物互联网。与其说物联网是一个网络，不如说是一个应用业务集合体，它将千姿百态的各种业务网络组成一个互联网络。因此，在规划设计物联网时，应充分调查分析物联网的应用背景和工作环境，及其对硬件和软件平台系统的功能要求及影响。这是首先要做的，也是在进行系统设计之前需要做的。俗语说"没有调查就没有发言权"，用户需求分析的原因也就在这里。通常采用自顶向下的分析方法，了解用户所从事的行业，该用户在行业中的地位与其他单位的关系等。在了解了用户建网的目的和目标之后，应进行更细致的需求分析和调研，一般应做好以下几个方面的需求分析工作：

1. 一般状况调查

在设计具体的物联网系统之前，先要比较确切地了解用户当前和未来 5 年内的网络规模发展，还要分析用户当前的设备、人员、资金投入、站点分布、地理分布、业务特点、数据流量和流向，以及现有软件、广域互联的通信情况等。从这些信息中可以得出新的网络系统所应具备的基本配置需求。

2. 性能和功能需求调查

就是向用户（通常是公司总监或者 IT 经理、项目负责人等）了解用户对新的网络系统所希望实现的功能、接入速率、所需存储容量（包括服务器和感知节点两个方面）、响应时间、扩充要求、安全需求，以及行业特定应用需求等。这些都非常关键，一定要仔细询问，并做好记录。

3. 应用和安全需求调查

这两个方面在整个用户调查中也非常重要，特别是应用需求，决定了所设计的物联网系统是否满足用户的应用需求。安全需求方面的调查，在当今网络安全威胁日益增强、安全隐患日益增多的今天显得格外重要。一个没有安全保障的网络系统，再好的性能、再完善的功能、再强大的应用系统都没有任何意义。

4. 成本/效益评估

根据用户的需求和现状分析，对设计的物联网系统所需要投入的人力、财力、物力，以及可能产生的经济、社会效益进行综合评估。这是网络系统集成商向用户提出系统设计报价和让用户接受设计方案的最有效参考依据。

5. 书写需求分析报告

详细了解用户需求、现状分析和成本/效益评估后，要以书面形式向用户和项目经理人提出分析报告，以此作为下一步设计系统的基础与前提。

（二）网络系统初步设计

在全面、详细地了解了用户需求，并进行了用户现状分析和成本/效益评估之后，在用户和项目经理认可的前提下，就可以正式进行物联网系统设计了。首先需给出一个初步的方案，一般包括以下几个方面：

1. 确定网络的规模和应用范围

确定物联网覆盖范围（这主要根据终端用户的地理位置分布而定）和定义物联网应用的边界（着重强调的是用户的特定行业应用和关键应用，如 MIS 系统、ERP 系统、数据库系统、广域网连接、VPN 连接等。

2. 统一建网模式

根据用户物联网规模和终端用户地理位置分布确定物联网的总体架构，比如是要集中式还是要分布式，是采用客户机/服务器相互作用模式还是对等模式等。

3. 确定初步方案

将物联网系统的初步设计方案用文档记录下来，并向项目经理人和用户提交，审核通过后方可进行下一步运作。

（三）物联网系统详细设计

1. 确定网络协议体系结构

根据应用需求，确定用户端系统应该采用的拓扑结构类型，可选择的网络拓扑通常包括星状、树状和混合型等。如果涉及接入广域网系统，则还需确定采用哪一种中继系统，确定整个网络应该采用的协议体系结构。

2. 设计节点规模

确定物联网的主要感知节点设备的档次和应该具备的功能，这主要根据用户网络规模、应用需求和相应设备所在的位置而定。传感网中核心层设备性能要求最高，会聚层的设备性能次之，边缘层的性能要求最低。在接入广域网时，用户主要考虑带宽、可连接性、互操作性等问题，即选择接入方式，因为中继传输网和核心交换网通常都由 NSP 提供，无须用户关心。

3. 确定网络操作系统

在一个物联网系统中，安装在服务器中的操作系统决定了整个系统的主要应用、管理模式，也基本上决定了终端用户所采用的操作系统和应用软件。网络操作系统主要有 Microsoft 公司的 Windows 2003 Server 和 Windows Server 2008 系统，它们是目前应用面最广、容易掌握的操作系统，在绝大多数中小型企业中采用。另外还有一些 Linux 系统版本，如 RedHat Enteprise Linux 4.0、Red Flag DC Server 5.0 等。UNIX 系统品牌也比较多，目前最主要应用的是 Sun 公司的 Solaris 10.0. IBM AIX5L 等。

4. 网络设备的选型和配置

根据网络系统和计算机系统的方案，选择性价比最好的网络设备，并以适当的连接方式加以有效的组合。

5. 综合布线系统设计

根据用户的感知节点部署和网络规模，设计整个网络系统的综合布线图，在图中要求标注关键感知节点的位置和传输速率、接口等特殊要求。综合布线图要符合国际、国内布线标准，如 EIA/TIA 568A/B、ISO/IEC 11801 等。

6. 确定详细方案

最后确定网络总体及各部分的详细设计方案，并形成正式文档提交项目经理和用户审核，以便及时发现问题，予以纠正。

（四）用户和应用系统设计

前面 3 个步骤用于设计物联网架构，此后是进行具体的用户和应用系统设计，其中包括具体的用户应用系统设计和 ERP 系统、MIS 管理系统选择等。具体包括以下几个方面：①应用系统设计。分模块设计出满足用户应用需求的各种应用系统的框架和对网络系统的要求，特别是一些行业的特定应用和关键应用。②计算机系统设计。根据用户业务特点、应用需求和数据流量，对整个系统的服务器、感知节点、用户终端等外设进行配置和设计。③系统软件的选择。为计算机系统选择适当的数据库系统、ERP 系统、MIS 管理系统及开发平台。④机房环境设计。确定用户端系统的服务器所在机房和一般工作站机房环境，包括温度、湿度、通风等要求。⑤确定系统集成详细方案。将整个系统涉及的各个部分加以集成，并最终形成系统集成的正式文档。

（五）系统测试和试运行

系统设计后还不能马上投入正式的运行，而是要先做一些必要的性能测试和小范围的试运行。性能测试一般需要利用专用测试工具进行，主要测试网络接入性能、响应时间，以及关键应用系统的并发运行等。试运行是对物联网系统的基本性能进行评估：试运行时间一般不少于一个星期。小范围试运行成功后即可全面试运行，全面试运行时间一般不少于一个月。

在试运行过程中出现的问题应及时加以改进，直到用户满意为止，当然这需要结合用户的投资和实际应用需求等因素综合考虑。

第二节 物联网的构建

目前，可以把物联网看成以电子标签、传感器等感知设施和 EPC 码为基础，建立在计算机互联网基础上的物物相联网络，传感网是其最复杂的一个组成部分。一个应用系统可能有几个到几万、上百万不等的感知节点，应用环境除了室内外，还包括在不同温度、湿度、电磁干扰下的户外环境，因此，末梢感知节点采集控制设备、接入层技术足物联网的关键和难点。

一、物联网应用系统规划

物联网技术和产业的发展将引发新一轮信息技术革命和产业革命，是信息产业领域未来竞争的制高点和产业升级的核心驱动力。随着信息采集与智能计算技术的迅速发展和互联网与移动通信网的广泛应用，大规模发展物联网及相关产业的时机日趋成熟，我国早在十多年前就开始了物联网相关领域的研究，技术和标准与国际基本同步。现阶段，其应用主要为传感网，可在以下各领域构建物联网系统。

（一）经济领域的物联网系统

经济领域物联网系统主要是以提高生产效率、改善管理和节能减排为目的应用系统，包括智能工业、智能农业、智能物流和智能电网等。

1. 智能工业

（1）工业智能控制系统。例如在冶金、石化企业建立全流程实时监测和智能控制系统，实施生产过程、检验、检测等环节的智能控制，能够大幅度提升生产水平，提高能源利用效率，减少污染物排放。

（2）智能装备产品。装备制造企业在产品中集成物联网技术，带动装备升级，提升相关行业智能化水平。

2. 智能农业

（1）数字大棚物联网系统推广平台。例如建设蔬菜大棚环境监测、生产管理和防盗监控系统，能够大幅度提升生产和管理效率，推动蔬菜大棚数字化、智能化发展。

（2）农业服务、管理和远程监测平台。例如建设农田服务、管理和远程监测平台，实现远程数据采集和环境控制自动化，可为生产全过程提供高水平的信息和决策服务。

3. 智能物流

（1）危险品运输车辆智能调度及监控系统。例如，在危险品运输车辆上加装位置感知和泄漏监测设备，通过危险品运输状态监测平台，与路政、交警和消防等部门联动，可实现危险品运输车辆智能调度与实时监控。

（2）集装箱智能物流调度系统及平台。通过建设港口感知调度与通关平台，利用堆场内的物联网，可实现人员、货柜车和集装箱定位跟踪与智能调度，能够大幅度提升港口调度效率，加快货物通关速度。

（3）食品及药品追溯系统。通过建立基于 RFID. 二维条码等技术的物联网食品及药品追溯系统，可实现各类农产品、药品从生产、加工、运输、储存到销售过程的全生命周期追溯，能够大幅度提高产品安全性，保障食品及药品的质量。

4. 智能电网

（1）电网电力设施智能监测网络及平台。以电力设施状态监测和高空塔架应急抢险等应用为切入点，建设基于移动通信网络的智能电网物联网，能够有效地保障电网可靠、安全、经济、高效运行，为工业生产提供健康的能源环境。

（2）智能化远程抄表系统及网络。通过建立电力远程抄表平台，可实现全远程抄表和缴费，有效地提升基础设施精细管理和自动化运营能力。

（二）公共管理领域的物联网系统

公共管理领域物联网主要是以提高公共管理水平为目的应用系统，可围绕市政基础设施建设管理、重大突发事件响应、重点区域环境监测等，建设城市智能交通、智能公共安全、智能环保和智能灾害防控等物联网系统。

1. 城市智能交通

（1）交通流量与违规监测网络及平台。通过建设城市地面交通智能管理平台，包括中心城区交通流量实时监测与动态诱导系统、机动车定点测速系统、闯禁车辆智能抓拍系统和交通信号灯智能控制系统等，可有效提升城市智能交通管理水平。

（2）智能停车系统。通过建设停车场智能诱导和管理系统，可实现信息查询、车位预约和自动收费等功能。

2. 智能公共安全

（1）城市公共安全平台。通过建设城市热点地区（包括主要商业区、娱乐区、交通路口和治安事件多发区等）远程监控系统，使之具备异常事件自动发现和智能预警功能，并与消防、公安、急救等部门联动，不但能够实现实时监控、应急指挥功能，还可以对事后评估提供有效依据。

（2）重要基础设施安全防护平台。例如在新建桥梁、隧道等重要基础设施中铺设物联网，对设施结构进行实时监测，可避免重大事故的发生。

3. 智能环保

（1）水环境监测物联网系统及预警平台。对区域内的水环境例如湖泊建立水质监测物联网平台，实时获取水质信息并完成分布式协同处理与信息综合，对水质恶化及时报警并快速采取应对措施。

（2）生态城市大气环境智能监测平台。例如在城市市区、重要工业区建立大气质量监测系统，以便为管理机构评估环境、制定政策提供依据，可为公众提供信息查询服务。

（3）重点排污企业智能化远程监控平台。针对重点排污企业建立排放物监测物联网系统，实时获取企业排污信息，以便实施有针对性的有效管理。

4. 智能灾害防控

（1）水文智能监测及洪灾预警平台。通过建立水文智能监测系统，可对洪涝灾害及时预警，与水利、气象部门和城市应急指挥系统联网，实时进行洪灾预警。

（2）气象灾害监测和预警系统。通过建设监测云、水、露点、冰厚、雷电等的高密度气象探测物联网，实时进行气象灾害预警。

（3）地质灾害监测预警与防控系统。通过建设山洪、泥石流、滑坡等地质灾害监测预警系统，可对地质灾害进行早期监测、预警，以便进行有效的应急处理。

（三）公众服务领域的物联网系统

公众服务领域物联网主要是以提高人民生活水平为目的构建的应用系统，可以以物联网与 TD-SCDMA 等 3G 网络的融合应用为突破口，建设智能医护、智能家居等应用系统。

1. 智能医护

（1）个人健康实时服务平台。通过建设个人实时健康监测和服务平台，提升对老年市民、离退休干部等实时医疗医护服务水平。

（2）智能重症监护病房平台。通过建设重症监护病房智能系统，对病人生理参数进行实时监测和分析，能够降低医疗费用，提高卫生资源的使用效率。

2. 智能家居

（1）智能小区：在住宅小区引入物联网技术，建设联入城市公共安全平台的小区安防系统以及基于通信网络的家庭环境监控、智能安防系统、电子支付等智能控制平台，可实现小区、家居智能化。

（2）基于物联网的节能建筑：在政府机关、科研院校和商业区写字楼铺设物联网，实时收集水、电等资源使用信息，根据人员活动情况自动调节空调、电灯和水源等，达到节能减排的目的。

二、物联网应用系统设计

在物联网中，由末梢节点与接入网络完成数据采集和控制功能。按照接入网络的复杂性不同，可分为简单接入和多跳接入。简单接入是在采集设备获取信息后通过有线或无线方式将数据直接发送至承载网络。目前，RFID 读写设备主要采用简单接入方式。简单接入方式可用于终端设备分散、数据量少的业务应用。多跳接入是利用传感网技术，将具有无线通信与计算能力的微小传感器节点通过自组织方式，使各节点能根据环境的变化，自主完成网络自适应组织和数据的传递。多跳接入方式适用于终端设备相对集中、终端与网络间传递数据量较小的应用。通过采用多跳接入方式可以降低末梢节点，减少接入层和承载网络的建设投资和应用成本，提升接入网络的健壮性。

对于近距离无线通信，IEEE 802.15 委员会制定了 3 种不同的无线个人局域网（WPAN）标准。其中，IEEE 802.15.3 标准是高速率的 WPAN 标准，适合于多媒体应用，有较高的网络服务质量（QoS）保证；IEEE 802.15.1 标准即蓝牙技术，具有中等速率，适合于蜂窝电话和 PDA 等的通信，其 QoS 机制适合于语音业务。IEEE 802.15.4 标准和 ZigBce 技术完全融合，专为低速率、低功耗的无线互联应用而设计，对数据速率和 QoS 的要求不高。目前，对于小范围内的物品、设备联网，ZigBee 技术以其复杂度低、功耗低、数据速率低及成本低等特点在传感网应用系统中引起了越来越多的关注；尤其在控制系统中，ZigBee 自组网技术已经成为传感网的核心技术。

（一）基于 ZigBee 技术的传感网

ZigBee 是一种近距离、高可信度、大网络容量的双向无线通信技术。ZigBee 技术主要应用于小范围的基于无线通信的控制和自动化等领域，包括工业控制、消费性电子设备、汽车自动化、农业自动化和医用设备控制等，同时也支持地理定位。

在消费性电子设备中嵌入 ZigBce 芯片后，可实现信息家用电器设备的无线互联。例如，利用 ZigBce 技术可较容易地实现相机或者摄像机的自拍、窗户远距离开关控制、室内照明系统的遥控，以及窗帘的自动调整等。尤其是当在手机或者 PDA 中嵌入 ZigBee 芯片后，可以用来控制电视开关、调节空调温度及开启微波炉等。基于 ZigBee 技术的个人身份卡能够代替家居和办公室的门禁卡，记录所有进出大门的个人信息，若附加个人电子指纹技术后，可实现更加安全的门禁系统。嵌入 ZigBee 芯片的信用卡可以较方便地实现无线提款和移动购物，商品的详细信息也能通过 ZigBee 向用户广播。

把 ZigBee 技术与传感器结合起来，就可形成传感网。一般，传感网由感知节点、汇聚（Sink）节点、网关节点构成。感知节点、汇聚节点完成数据采集和多跳中继传输。网关节点具有双重功能，一是充当网络协调器，负责网络的自动建立和维护、数据汇聚；二是作为监测网络与监控中心的接口，实现接入互联网、局域网，与监控中心交换传递数据的功能。基于 ZigBce 技术的传感网由应用层、网络层、介质接入控制层和物理层组成。

ZigBee 网络中的设备分为全功能设备（Full Funtion Device，FFD）和简化功能设备（Reduced Function Device，RFD）两种。FFD 设备也称之为全功能器件，是具有路由与中继功能的网络节点：它具有控制器的功能，不仅可以传输信号，还可以选择路由。在网络中 FFD 可作网络协调器、网络路由器，有时也可作为终端设备。RFD 设备也称之为简化功能器件，它作为网络终端感知节点，相互间不能直接通信，只能通过汇聚节点（FFD）发送和接收数据，不具有路由和中继功能。FFD 和 RFD 的硬件结构完全相同，只是网络层不一样，协调器是网络组织者，负责网络组建和信息路由。

（二）传感网软硬件系统设计

ZigBee 技术由于具有成本低、功耗小、组网灵活、协议软件较为简单以及开发容易等优点，被广泛应用于自动监测、无线数据采集等领域。

1. 基于 ZigBee 技术的传感网的组成

基于 ZigBee 技术的传感网，对于不同的具体应用，其节点的组成有所不同。通常，就一项具体应用而言，感知节点、感知对象和观察者是传感网的 3 个基本要素。

传感网系统，主要由 ZigBee 感知节点（探测器）、若干个具有路由功能的汇聚节点和 ZigBee 中心网络协调器（网关节点）组成，是传感网测控系统的核心部分，负责感知节点的管理。A、B、C 和 D 为具有路由功能的汇聚节点，感知节点与汇聚节点自主形成一个多跳的网络。感知节点（传感器、探测头）分布于需要监控的区域内，将采集到的数据发送给就近的汇聚节点，汇聚节点根据路由算法选择最优传输路径，通过其他的汇聚节点以多跳的方式把数据传送到网络协调器（网关节点），最后通过 GPRS 网络或者互联网把接收到的数据传送给监控中心。

此系统具有自动组网功能，网络协调器一直处于监听状态，新添加的感知节点会被网络自动发现，这时汇聚节点会把感知的数据送给协调器，由协调器进行编址并计算其路由信息，更新数据转发表和设备关联表等。

2. 网络节点的硬件设计

对于不同的应用，网络节点的组成略有不同，但均应具有端节点和路由功能；一方面实现数;据的采集和处理；另一方面实现数据融合与路由。因此，网络节点的设计至关重要。

目前，国内外已经开发出多种传感器网络节点，其组成大同小异，只是应用背景不同，对节点性能的要求不尽相同，所采用的硬件组成也有差异。典型的节点系列包括 Mica 系列、SensoriaWINS、Toles 等，实际上各平台最主要的区别是采用了不同的处理器、无线通信协议和与应用相关的不同传感器。最常用的无线通信协议有 IEEE 802.11b、IEEE

802.15.4（ZigBec）、蓝牙和超宽带（UWB），以及自定义的协议。处理器从 4 位的微控制器到 32 位 ARM 内核的高端处理器都有所应用。通常，就 ZigBce 网络而言，感知节点由 RFD 承担，汇聚节点、网关节点由 FFD 实现。由于各自的功能不同，在硬件构成上也不相同，通常选用 CC2430 作为 ZigBee 射频芯片。.

（1）感知节点硬件结构。感知节点主要由传感器模块和无线发送/接收模块组成。在实际应用中，例如对温度和湿度测量的模拟信号需要经过一个多路选择通道控制，依次送入微处理器后由微处理器进行校正编码，然后传送到基于 ZigBee 技术的收发端。

（2）网关节点硬件结构。网关节点主要承担传感网的控制和管理功能，实现数据的融合处理，它连接传感网与外部网络，实现两种协议之间的通信协议转换，同时还承担发布监测终端的任务，并把收集到的数据转发到外部网络。网关节点包含有 GPRS 通信模块和 ZigBee 射频芯片模块。GPRS 通信模块通过现有的 GPRS 网络将传感器采集到的数据传到互联网上，用户可以通过个人计算机来观测传感器采集到的数据。

3. 软件设计

ZigBee 网络属于无线自组网络，有全功能节点（FFD）和半功能节点（RFD）两种设备类型。RFD 一股作为终端感知节点，FFD 可以作为协调器或路由汇聚节点。因此，软件设计包括 RFD 程序和 FFD 程序两部分，且均包括初始化程序、发射程序和接收程序、协议栈配置、组网方式配置程序以及各处理层设置程序。初始化程序主要是对 CC2430、US-AR 串口、协议栈、LCD 等进行初始化：发射程序将所采集的数据通过 CC2430 调制并通过 DMA 直接送至射频输出：接收程序完成数据的接收并进行显示、远传及返回信息处理：PHY、MAC、网络层、应用层程序设置数据的底层、上层的处理和传输方式。

例如，对于一个温湿度测控系统，若采用主从节点方式传送数据，可将与 GPRS 连接的网关节点作为主节点，其他传感器节点作为从节点，从节点可以向主节点发送中断请求。传感器节点打开电源，初始化，建立关联连接之后直接进入休眠状态。当主节点收到中断请求时触发中断，激活节点，发送或接收数据包，处理完毕后继续进入休眠状态，等待有请求时再次激活。若有多个从节点同时向主节点发送请求，主节点来不及响应处理而丢掉一些请求时，则从节点在发现自己的请求没有得到响应后儿秒钟再次发出请求直到得到主节点的响应为止。在程序设计中可采用中断的方法来实现数据的接收与发送。

在这种系统通信模式中，只允许在网关节点和汇聚节点之间交换数据，即汇聚节点向网关节点发送数据、网关节点向汇聚节点发送数据。当网关节点与汇聚节点之间没有数据交换时，感知节点处于休眠状态。

另外，一个完整的传感网软件系统还要包括用户端的数据库系统设计，例如选用 Access 数据库平台和 ADO 数据库连接技术，并使用 Delphi 编程语言实现界面、管理、查询操作以及 GPRS 上数据的收发等。

三、物联网系统集成

系统的意思是"体系、制度、体制、秩序、规律和方法"。集成的意思是"成为整体、组合、综合及一体化",它表示了将单个元件组装成一台或一种结构的过程。例如将大量的晶体管组装成一个"集成"电路。集成也表示有某种规则的相互作用形式而联结的部件组合体,即有组织的整体。例如,将软件的多个功能模块组合成"一体化"系统,使整体系统从一个程序到另一个程序能共享命令和数据流。集成以有机结合、协调工作、提高效率、创造效益为目的,将各个部分组合成具有全新功能、高效和统一的有机整体。

(一) 物联网系统集成的目的

物联网系统集成的主要目的就是用硬件设备和软件系统将网络各部分连接起来,不仅实现网络的物理连接,还要求能实现用户的相应应用需求,也就是应用方案。因此,物联网系统集成不仅沙及到技术,也涉及到企业管理、工程技术等方面的内容。目前,物联网系统集成技术可划分为两个域:一个是接口域,即路由网关,另一个是服务域。服务域的作用主要是为路由网关提供一个统一访问物联网的界面,简化两者的集成难度,更重要的是,通过服务界面能有效控制和提高物联网的服务质量,保证两者集成后的可用性。

物联网系统集成的本质就是最优化的综合,统筹设计一个大型的物联网系统。物联网系统集成包括感知节点数据采集系统的软件与硬件、操作系统、数据融合及处理技术、网络通信技术等的集成,以及不同厂家产品选型、搭配的集成。物联网系统集成所要达到的目标就是整体性能最优,即所有部件和成分合在一起后不但能工作,而且系统是低成本、高效率、性能匀称、可护充性和可维护性好的系统。

(二) 物联网系统集成技术

物联网系统集成技术包括两个方面:一是应用优化技术;二是多物联网应用系统的中间件平台技术。应用优化技术主要是面向具体应用,进行功能集成、网络集成、软硬件操作界面集成,以优化应用解决方案。多物联网应用的中间件平台技术主要是针对物联网不同应用需求和共性底层平台软件的特点,研究、设计系列中间件产品及标准,以满足物联网在混合组网、异构环境下的高效运行,形成完整的物联网软件系统架构。

通常,也可以将物联网系统集成技术分为软件集成、硬件集成和网络系统集成三种类型。

1. 软件集成是指某特定的应用环境架构的工作平台,是为某一特定应用环境提供解决问题的架构软件的接口,是为提供工作效率而创造的软件环境。

2. 硬件集成是指以达到或超过系统设计的性能指标把各个硬件子系统集成起来。例如,办公自动化制造商把计算机、复印机、传真机设备进行系统集成,为用户创造一种高效、便利的工作环境。

3. 网络系统集成作为一种新兴的服务方式，是近年来信息系统服务业中发展势头比较迅速的一个行业。它所包含的内容较多，主要足指工程项目的规划和实施；决定网络的拓扑结构；向用户提供完善的系统布线解决方案；进行网络综合布线系统的设计、施工和测试，网络设备的安装测试；网络系统的应用、管理；以及应用软件的开发和维护等。物联网系统集成就是在系统"体系、秩序、规律和方法"的指导下，根据用户的需求优选各种技术和产品，整合用户资源，提出系统性组合的解决方案：并按照方案对系统性组合的各个部件或子系统进行综合组织，使之成为一个经济、高效、一体化的物联网系统。

（三）物联网系统集成的主要内容

物联网系统集成需要在信息系统工程方法的指导下，按照网络工程的需求及组织逻辑，采用相关技术和策略，将物联网设备（包括节点感知部件、网络互联设备及服务器）、系统软件（包括操作系统、信息服务系统）系统性地组合成一个有机整体。具体来说，物联网系统集成包含的内容主要是软硬件产品、技术集成和应用服务集成。

1. 物联网软硬件产品、技术集成

物联网软硬件集成不仅是各种网络软硬件产品的组合，更是一种产品与技术的融合。无论是传感器还是感知节点的元器件，无论是控制器还是自动化软件，本身都需要进行单元的集成，功能上的融合，而执行机构、传感单元和控制系统之间的更高层次的集成，则需要先进适用、开放稳定的工业通信手段来实现。

（1）硬件集成。所谓硬件集成就是使用硬件设备将各个子系统连接起来，例如汇聚节点设备把多个末梢节点感知设备连接起来；使用交换机连接局城网用户计算机；使用路由器连接子网或其他网络等。一个物联网系统会涉及多个制造商生产的网络产品的组合使用。例如传输信道由传输介质（电缆、光缆、蓝牙、红外及无线电等）组成：感知节点设施、通信平台由交换和路由设备（交换机、路由器等）组成。在这种组合中，系统集成者要考忠的首要间题是不同品牌产品的兼容性或互换性，力求这些产品在集成为一体后，能够产生的合力最大、内耗最小。

（2）软件集成。这里所说的"软件"，不仅包括操作系统平台，还包括中间件系统、企业资源计划（ERP）系统、通用应用软件和行业应用软件等。软件集成要解决的首要问题是异构软件的相互接口，包括物联网信息平台服务器和操作系统的集成应用。

2. 物联网应用服务集成

从应用角度看，物联网是一种与实际环境交互的网络，能够通过安装在微小感知节点上的各种传感器、标签等从真实环境中获取相关数据，然后通过自组织的无线传感网将数据传送到计算能力更强的通用计算机互联网上进行处理。物联网应用服务集成就是指在物

联网基础应用平台上，应用系统开发商或网络系统集成商为用户开发或用户自行开发的通用或专用应用系统。

一个典型的物联网应用的目的是对真实世界的数据的采集，其手段总是通过射频识别技术来实现多跳的无线通信，并使用网络管理手段来保证物联网的稳定性。基于这一特点，物联网应用系统涵盖了三大服务域：①满足应用需求的数据服务域，该服务城应对物联网的数据进行融合，进行网内数据处理；②提供基础设施的网络通信服务域；③保障网络服务质量的网络管理服务域，包括网络拓扑控制、定位服务、任务调度、继承学习等。这些服务域相互之间是松散的，没有必然的联系，可依据一定的方式进行组合、替换，并通过一个高度抽象的服务接口呈现给应用程序。对这些服务单元进行组合、集成，可灵活地构造出适合应用需求的新的服务元。物联网应用服务集成具体包含以下内容：

（1）数据和信息集成。数据和信息集成建立在硬件集成和软件集成之上，是系统集成的核心，通常要解决的主要问题有：合理规划数据信息、减少数据冗余、更有效地实现数据共享和确保数据信息的安全保密。

（2）人与组织机构集成。组建物联网的主要目的之一是提高经济效益，如何使各部门协调一致地工作，做到市场销售、产品生产和管理的高效运转，是系统集成的重要目标。例如，面向特定的企业专门设计开发的企业资源计划（ERP）系统、项目管理系统，以及基于物联网的电子商务系统等。这也是物联网系统集成的较高境界，如何提高每个人和每个组织机构的工作效率，如何通过系统集成来促进企业管理和提高生产管理效率，是系统集成面临的重大挑战，也是非常值得研究的问题之一。

（四）物联网系统集成步骤

物联网系统集成一般总体上可分为 3 个阶段，每个阶段又可分为若千个具体实施步骤。

1. 系统集成方案设计阶段，具体包括：用户组网需求分析、系统集成方案设计、方案论证 3 个实施步骤；

2. 工程实施阶段，具体包括：形成可行的解决方案、系统集成施工、网络性能测试、工程差错纠错处理、系统集成总结等步骤；

3. 工程验收和维护阶段，具体包括系统验收、系统维护和服务，以及项目总结等步骤。

第三节　物联网应用系统设计示例

物联网是面向应用的、贴近客观物理世界的网络系统，它的产生、发展与应用密切相关。经过不同领域研究人员多年来的努力，传感网已经在军事领城、精细农业、安全监控、环保监测、建筑领域、医疗监护、工业监控、智能交通、物流管理、自由空间探索、智能家居等领域得到了充分的肯定和初步应用。传感网、RFID 技术是物联网目前应用研究的热点，两者相结合组成物联网可以以较低的成本应用于物流和供应链管理、生产制造和装配，以及安防等领域。在此仅以两个具体应用案例简单介绍物联网应用系统的设计与组建。

一、智能家居物联网系统应用示例

随着科学技术的进步和人们生活水平的提高，越来越多的信息家电出现在家庭里，如冰箱、空调、传真和数字电视等，把它们组成一个智能化的网络将是一件非常美好的事情；同时，家居环境的安全防范也成为日趋重要的问题。计算机智能家居安全防控（简称安防）显然是物联网应用的一个重要领域，具有广阔的发展前景。在传统有线安防系统建设中存在布线难、成本高以及布防、撤防不方便等缺点，难以满足人们越来越高的安防需求。采用 RFID 和传感网技术跑合组建智能安防系统能有效解决这些问题。作为物联网应用设计示例，下面给出一个基于 RFID 传感网的智能家居及安防系统。

（一）智能家居及其安防系统的功能需求

作为一个智能家居及其安防系统，其基本功能是将信息家电组成一个智能化网络，并能够进行安全防范报警，包括报警模式、联网及联动抓拍存储信息等。

1. 报警模式

一般需要在家居环境内，提供外出、在家、就寝 3 种布防模式，也可以根据实际需要自定义安防模式。

2. 联网

智能化家居网络系统建立在智能小区局域网平台上，并能将其连入计算机互联网。如果发生警情，报警信息能够及时上传至智能小区管理中心，保安人员会及时与业主联系并上门服务；同时报警信息也能够及时发给设定好的相关固定电话和移动手机；室内报警机也会发出报警声音和闪烁图标等。

3. 联动抓拍

窃贼入侵家居环境后，触发探测器，启动摄像机及时抓拍窃贼图像（若干幅）并保存在室内分机中。

（二）智能家居及其安防系统设计及部署

家居智能化网络具有易变的网络拓扑，因此，家居智能化网络需要进行自组织，自动实现网络配置，从而保持网络的连通性。自组织过程结束后，网络进入正常运行阶段。当网络拓扑结构再次发生变化时，网络需要再次进行自组织，保持变化后网络的连通性。一个智能家居及其安防系统一般应包含远程监控中心和现场监控网络两部分。远程监控中心主要由服务器、数据库系统与应用软件和 GPRS 通信模块组成。现场监控网络主要由无线传感网络实现，包括监控中心节点和监控终端节点。监控中心节点由 GPS 接收机、单片机、射频模块和 GPRS 通信模块组成，监控终端节点由传感器和射频模块组成。由 GPRS 网络实现远程监控中心和现场监控网络之间的通信。在此仅讨论智能家居安防系统现场监控网络部分的设计与实现。

智能家居安防系统的功能主要是在家居环境中的巡逻定位与报警，因此，现场监控网络部分所关心的问题是，在什么位置或区域发生了什么事件。这可通过 RFID 技术来实现家庭安防智能巡逻机器人巡逻定位，利用 WSN 完成家庭环境参数的分布式智能监控。在家居环境中安装的各种安防监测模块节点，一旦监测到异常情况，立刻会将异常情况的具体信息发送到家居智能网关，家居智能网关对接收到的信息进行相应的处理，如进行无线报警、现场报警或派遣巡逻机器人对警情作进一步探测等。智能巡逻机器人是网络中的移动节点，充当移动路由器，同时可以根据家居智能网关的指令对家居环境内可能出现隐患的区域进行更为详细的监控。贴上智能 RFID 标签的物体主要用于智能机器人的巡逻定位。智能巡逻机器人在以 0.5 m/s 低速前进时能识别 RFID 标签，并能完成从一个 RFID 标签到另一个 RFID 标签的定位。

二、工业智能控制系统应用示例

在工业企业部门，为了提高产品整体质量，及时、准确地获取生产数据，并对数据进行及时分析处理，减少生产浪费，缩短产品周期，常需要组建企业内部的生产过程控制管理系统。这个物联网系统主要包含有 GM 二维条码（电子标签）、RFID 读写器、中间件系统和互联网几个组成部分。

（一）利用二维条码与 RFID 读写器感知节点数据

工业生产现场主要由生产设备、工作人员、生产原料、产品等构成。GM 二维条码贴于每件产品上，所使用的 RFID 读写器可为手持式或固定式，以方便地应用于生产过程。中间件系统含有 EPC 数据，后端应用数据库软件系统还包含 ERP 系统等。这些都与互联网相连，可及时有效地跟踪、查询、修改或增减数据。当在某个企业生产的产品被贴上存储有 EPC 标识的 RFID 标签后，在该产品的整个生命周期，该 EPC 代码将成为它的唯一标识，以此 EPC 编码为索引就能实时地在 RFID 系统网络中查询和更新产品的数据信息。

（二）车间内各个流通环节对产品进行定位和定时追踪

在车间内每一道工序都设有一个 RFID 读写器，并配备相应的中间件系统，联入互联网。这样，在半成品的装配、加工、转运以及成品装配和再加工、转运和包装过程中，当产品流转到某个生产环节的 RFID 读写器时，RFID 读写器在有效的读取范围内就会检测到 GM 二维条码的存在。

对于某一个局部环节而言，其具体工作流程为：RFID 读写器从含有一个 EPC 的标签上读取产品电子代码，并将读取的产品电子代码传送到中间件系统进行处理；中间件系统以该 EPC 数据为数据源，在本地服务器获取包含该产品信息的 EPC 信息服务器的网络地址，同时触发后端应用系统，以作更深层的处理或计算；由本地 EPC 信息服务器对本次阅读器的记录进行读取并修改相应的数据，将 EPC 数据经过中间件系统处理后，传送到互联网。

该方案的设计非常人性化和智能化，基于这样的通信平台，指挥操作员或者生产管理人员在办公室就可以对工业生产现场的情况进行很好的掌握，为工业生产提供了很多方便。

第四节　传感网的广域互联

传感网以其监测精度高、布网及使用灵活、可靠性高、经济性好等特点，在工业测控、环境监测、医疗监护、智能交通、智能家居、军事侦察等领域都具有非常广阔的应用前景。这些应用决定了它们不能完全孤立而必须与基础网络互联，以便通过基础网络上的设备方便地对其进行管理、控制与访问，或借助已有网络设施实现传感网的大规模组网。通过基础网络互联多个传感器网络，为用户提供大规模、大范围、多样化的信息服务是传感网的主要应用模式。

一、传感网广域互联的方式

传感网的广域互联，所要解决的问题是如何在满足特定应用要求的网络指标（如延时、可靠性，以及数据准确度等）下，尽可能节约能耗从而延长传感网生存期。对于这些应用，作为应用查询终端的传感网需要一种方式方便客户获取传感网中的数据。但是，通常客户处在互联网上，由于互联网中的客户与传感网中的数据源之间跨越了多种不同的通信体制，在它们之间若不能直接有效地互联互通，将限制传感网的实际应用，因此，传感网与互联网的互联成为一个迫切需要解决的问题。

由于 TCP/IP 协议的广泛应用，计算机局域网、互联网早已成为事实上的网络协议标准，并且已经拓展到无线通信领域，传感网与互联网的互联接入，往往处于从属地位。即选用边缘网或末端网接入传统互联网的方式，侧重于将传感网作为互联网的补充接入现有体系。经过多年的技术更迭，互联网现有体系与相关技术已经发生了明显的改变。最近，一些研究机构甚至预测无线传感网和互联网将共同发展，成为影响人类生活的重要技术和生产力，常称之为"共生"模式。有些研究成果以 GENI 计划为契机，提出了一种全新的模式，即把互联网作为从属网络补充接入传感网。在这种模式下，传感网与互联网将遵从全新的互联体系结构，以传感网为主导。显然，这种理念与构想是一种革命性的模式，但这种模式依赖于新型互联网体系结构、传感网组网技术、移动自组织架构、硬件系统的发展及人们对网络运用模式等各方面的革命性创新。当前，传感网与互联网的融合互联接入策略，从协议栈角度来看，主要有网关策略、覆盖策路和无线网状网策略 3 种类型。

（一）网关策略

传感网的广域互联方式比较多，有多种具体实现方案，但主要是网关策略。网关策略可以分为应用层网关（也称为代理接入方式）、时延自适应策略和虚拟 IP 策略 3 种方式。网关策略最明显的特点是：这 3 种类型的协议都需要配置专用的网关节点，需要网关节点对传感网和互联网的数据进行双向分析，以解决传感网节点与互联网主机之间的数据交互问题。

1. 应用层网关（代理）策略

应用层网关策略也被称为基于代理的策略。应用层网关（代理）一方面通过 IP 协议与互联网主机相连，另一方面与传感网连接。它通过一个代理来架设连接两个网络的桥梁，这也是一种最简单直接的方法。所谓代理接入是指汇聚节点通过某种通信方式接入代理服务器，然后再接入到终端用户所在的互联网。最简单的代理服务器是一个定制程序，它运行在能访问传感网和互联网的网关上，因此也称为应用网关接入。互联网中客户机和传感器节点之间的交互都要通过代理，故传感网使用的通信协议可以任意选择。

代理服务器能够工作于两种方式：作为中继或作为前端。作为中继时，它只是简单地将来自传感网的数据传递到互联网中的客户机。客户机必须根据代理的要求进行注册，代理将数据从传感网传输到已注册的客户机。当代理作为传感网的前端时，它提前搜集来自传感器的数据，并将信息存储在数据库中。客户机可以通过各种方式向代理查询特定传感器的信息，如通过 SQL，或基于 Web 接口查询。

基于代理的接入方式适用于传感网工作在安全且距离用户较近的区域。其优点在于利用功能强大的 PC 作为网关将两个网络分离开来，由此，可以在传感网中实现特殊的通信协议，不但减少了汇聚节点的软硬件复杂度，也减小了汇聚节点的能耗。此外，这种结构还可将汇聚节点收集的数据实时传输到代理服务器，再由代理服务器存储、处理和决策。

代理接入方式的缺点也很明显，作为前端的代理虽然可以配置安全措施，比如用户、数据的认证，但是使用代理在传感网与互联网间引入了一个单一失效点。如果代理出现故障，所有传感网与互联网间的通信都将失效。一个可能的解决方法是利用一系列后备代理提供冗余，但增加了使用代理的复杂性。另外，还存在其他的缺陷，例如：一个代理通常专用于特定的任务或特定的协议，特定的应用需要特定的代理实现，代理之间没有通用的路由机制。

当利用 PC 作为代理服务器时其代价和体积均较大，不便于部署，在恶劣的环境中无法正常工作，尤其在军事应用中不利于网络节点隐蔽，容易被发现。

2. 时延自适应网策略

类似于基于代理的接入方式，一种更为有效、通用性更强的网关接入方式是时延自适应网（Delay Tolerant Network，DTN）策略。DTN 是从 Ad Hoc、传感网等自组织无线网络中抽象出来的一种网络模型，其典型特征是节点之间的链路间歇性中断且中断持续时间较长，以至于在任意时刻渴节点和目的节点间可能不存在路径。在延迟容忍的移动无线网络中，为确保消息进行少副本、短延迟、少能耗的高效传递，选择合适的传输策路显然至关重要。

DTN 采用的设计理念是：①传输层与网络层要适应本地的通信环境；②采用"nom-chatty"的通信模型；③采用存储-转发的技术进行数据传输；④针对丢失数据采用重传机制。

因此，DTN 是一种基于存储-转发消息（Message）的体系结构，并在应用层与传输层之间加入了一个 bundle 层。通过 bundle 层内进行存储转发路由，在一定程度上解决了长的可变时延、非对称的数据传输问题：同时采用 custody hop-by-hop 传输机制提供端到端的可靠传输，. 解决了链路数据传输高丢包、高错误率的问题。

DTN 一种是基于链路恢复的策略，主要是对协议栈进行改造，使不可靠、长时延链路具有常规链路的特征。然而，DTN 体系结构也面临着一些严峻考验：①DTN 采用存储-转发的数据传输方式，不能对实时性要求较高的数据提供较好的服务；②由于网络连接的间断性，DTN 不能对带宽要求较高，对抖动有限制的多媒体数据提供流量控制；③DTN 采用 hop-by-hop 的 custody 传输方式，在高时延、错误、持续连接的异构网络环境中，不能提供端到端的可靠性传输；④对于间断或者周期性连接中的路径选择和调度问题，DTN 并未提出有效的解决方法；⑤DTN 尚未开发出具体的路由算法，如何在 DIN 中提供最佳路由，提供动态的通信调度仍然是亟待解决的问题。

3. 基于虚掀 IP 地址的策略

基于虚拟 IP 地址的网关策略的主要思想足，在传感网内部标识和互联网协议的 IP 地址之间建立一套协议转换机制。

（二）覆盖策略

覆盖策路与网关策路最大的区别是没有明确的网关，协议之间的适配依赖于协议栈的修改。对于覆盖策略大体上可以分为两种方式：一种是采用互联网协议覆盖传感网协议的策路；另一种策路与之相反，传感网协议覆盖互联网协议。在覆盖策略中，比较典型的是直接接入方式。

直接接入方式是指将汇聚节点直接接入终端用户所在的网络。直接接入的核心技术就是将 TCP/IP 协议覆盖传感网的通信协议，实现传感网与互联网的无缝连接。它只需将一个或多个传感器节点连接到互联网即可，不再引入中介节点或网关。用于传感网的 TCP/IP 协议，也可使用 GPRS 技术实现传感网的数据路由。

汇聚节点既可通过无线通信模块和监测区域内的节点无线通信，又可利用低功耗、小体积的嵌入式 Web 服务器接入互联网，实现传感网内部与互联网的隔离。嵌入式 Web 服务器可运行轻量级 TCP/IP 协议，并能提供安全认证机制。这样，在传感网内部可以采用更加适合自身特点的 MAC 协议、路由协议和拓扑控制，实现网络的能量有效性、可扩展性和简单性等目标。

然而，一般的传感器节点由于缺少必要的内存和计算资源，无法运行完整的 TCP/P 协议栈。虽然可将 TCP/IP 协议栈进行裁减以满足资源需求，但将 TCP/IP 协议用于传感网仍存在许多问题。例如：不适于无线环境、路由算法不适于传感网等缺陷。若采用传感网协议覆盖互联网协议的策略，则会提高组网的灵活性，且适合于将异构传感网通过互联网互联。缺点是传感网协议种类众多，很难找到一个通用的覆盖模式，但随着网络应用模式或传感网协议的发展，传感网协议覆盖互联网的模式将会得到牧大规模的应用。

（三）无线网状网策略

从网络结构来看，无线网状网（Mesh）不再是以往的基于有中心结构的星状网络连接，所有的接入点之间以完全对等的方式连接，因此增加了网络的可扩展能力。无线网状网能够为位于郊区的居民社区、临时性高密度集会场所或者所有无法铺设有线网的地区提供便捷有效的最后一公里接入。无线网状网由于可以利用多种通信手段（如 IEEE 802.11、WiMAX 等），被认为是一种有效的异构互联技术。

同样利用无线网状网良好的异构互联性质，可以将无线网状网作为一种全新的无线传感网接入手段。在无线传感网络中部署无线路由器，形成一种被称为网状传感网的网络结构。这些路由器装配有 IEEE 802.15.4 接口，可以与传感器节点直接通信。网状传感网络能够连接多个传感网络，提高网络的可打展性和可靠性，提高数据吞吐量，并且能够支持节点移动性。

二、基于 IPv6 的互联接入

目前，IPv6 已被认为是解决 IPv4 缺陷而应用于互联网的下一代网络协议。它具有地址资源丰富、地址自动配置、安全性高、移动性好等优点，能够满足传感网在地址、安全等方面的需求，所以在传感网络上使用 IPv6 协议已成为一种新的互联接入方式。

传感网与 IPv6 网络互联有 3 种可行的方案：Peer to Peer 网关方式、重叠方式和全 IP 互联方式。传感网无论是采用 Peer to Peer 网关方式还是重叠方式实现与 TCP/IP（v6）网络的互联，都必须经过某些特定节点进行传感网与互联网之间的协议转换或协议承载。为了更方便地实现传感网与 IPv6 网络的互联接入，以及更充分地利用 IPv6 协议的一些新特征，近年又提出了全 IP 互联接入方式。

（一）Peer to Peer 方式

Peer to Peer（P2P）是一种分布式系统，具有资源分散及健壮性等特点。在互联的传感网中引入 P2P 技术，可屏蔽底层网络差异、节点变化及异构访问方式，保证传感网灵活加入、变更或退出，为用户提供多个接入点，并使得整个系统易于部署、扩展。所谓 P2P 方式是指通过设置特定的网关节点，在传感网与互联网的相同协议层次之间进行协议转换，实现网络之间的互联。按照网关节点所工作的协议层次不同，可进一步细分为应用网关和 NAT（Network Address Trans lation）网关两种接入方式。

1. 应用网关方式

在传感网与互联网之间设置一个或多个代理服务器，是实现二者互联的最简单方式。从协议角度看，由于代理服务器工作在应用层，因此又称为应用网关方式。在应用网关互联方式下各类节点的协议栈结构方式下，由于内外网在所有协议层次上都可以完全不同，所以传感网完全可以根据自身特点与要求设计相应的通信协议。在该方式下，只有网关节点才需要支持 IPv6 协议。

2. NAT 网关方式

NAT 网关的功能主要包括两个方面：一是通过汇聚节点获取信息并进行转换，二是与互联网进行通信。假设在传感网中采用以地址为中心的私有网络层协议，而互联网采用标准的 IPv6 协议，则由 NAT 网关在网络层完成传感网与互联网之间的地址和协议转换。由此可以看出，在 NAT 网关方式下，传感网与互联网在传输层（包括）以上各层都可以采用相同的协议，以便 TCP/IP 协议族的许多现有协议（如 UDP、FTP 等），能够在传感网中得到有效继承；在网络层，传感网也可不采用 IPv6 作为网络层协议。

采用 NAT 网关实现传感网与 IPv6 网络互联的主要目的是降低数据分组在内网中传输所带来的控制开销及能量消耗。

（二）重叠方式

所谓重叠方式是指在传感网与互联网采用不同协议栈的情况下，它们之间通过协议承载而不是协议转换实现彼此之间的互联。可将传感网与互联网之间的重叠方式细分为 WS-NoverIPv6 和 IPv6 over WSN 两种方式。

1. WSN overIPv6 方式

WSN over IPv6 方式类似于当前在互联网上实现专用网络连接的虚拟专用网（Virtual Private Network，VPN）。在该方式下，互联网上所有需要与传感网通信的节点以及连接内外网的网关节点被称为 WSN 的虚节点（Virtual Node），它们所组成的网络被称为传感网的虚网络（Virtual Network），虚网络被看做实网络（即传感网）在互联网上的延伸。在实网络部分，每个传感网节点都运行适应传感网特点的私有协议，节点之间的通信基于私有协议进行；在虚网络部分，传感网私有协议的网络层被作为应用承载在 TCP/UDP/IP 上，TCP/UDP/IP 以隧道的形式实现虚节点之间的数据传输功能。

2. IPv6 over WSN 方式

对于互联网用户而言，由于他们可能需要对传感网内部的某些特殊节点，如具有执行能力的节点、担负某些重要职能的簇首节点等直接进行访问或控制，因而这些特殊节点往往也需要支持 TCP/P（v6）协议。受通信能力的限制，这些节点与网关节点之间以及它们彼此之间可能并非一跳可达，因此，为了实现它们之间的数据传输，就需要通过一定的方式在已有的传感网协议上实现隧道功能，于是出现了 IP over WSN 的形式。在该方式下，传感网的主体部分仍采用私有通信协议，IPx6 协议只被延伸到一些特殊节点。

3. 全 IP 方式

对于传感网而言，无论采用 Peer to Peer 网关方式还是重叠方式与互联网实现互联，都必须经过某些特定节点进行网络之间的协议转换或协议承载。为了更方便地实现传感网与互联网之间的互联，更充分地利用 IPv6 协议的一些新特征，提出了全 IP 互联方式。该方式要求每个普通的传感器节点都支持 IPv6 协议，内外网通过采用统一的网络层协议（IPv6）实现彼此之间的互联，是传感网与互联网之间的一种无缝结合方式。

在传感网上实现全 IP 方式接入需要解决许多问题，例如：传感网节点支持 IPv6 的程度，TCP/UDP/IP 头压缩，IPv6 地址自动配置，如何承载以数据为中心的业务，如何剪裁 TCP/IP 协议栈，怎样考虑节能的无线 TCP 机制等。因此，一些研究对全 IP 方式持赞同态度，也有一些研究对全 IP 方式持反对意见，尤其是剪裁 TCP/IP 协议栈问题。由于 IPv6 最初并没有考虑嵌入式应用，所以要想在传感网中实现 IPv6，就要在协议栈的裁减方面付出努力。从开放系统互连参考模型（ISO/OSI 7 层协议）的角度来看，没有必要在每一个无线传感节点上都实现高层协议栈。对于与人交互的节点，例如智能手持终端等，需要实现高层协议以实现友好的人机界面，而在某些情况，这些节点的功能则可以随入已有设备，如 PC 等，此时的协议栈就不必考虑存储容量问题。另外，对于那些不需要与人交互的节点，例如仅采集某种信息的感知节点，就不必实现高层协议，只要能够实现传输功能即可。当前，对全 IP 方式的争论仍在继续，需要以谨慎、细致的态度对其展开深入分析，以便得出更为科学合理的结论。

物联网是在互联网基础之上，利用射频识别、感知技术、无线通信技术、计算机技术等，构造一个覆盖世界上万事万物的实物信息网络。与其说物联网是一个网络，不如说是它一个应用业务集合体，将千姿百态的各种业务网络组成一个信息网络。因此，本章首先介绍了规划设计物联网的一些基本原则和设计方法步骤，然后就物联网应用系统规划、设计、系统集成方法进行了讨论，并给出了物联网在经济领域、公共管理领域和公众服务领域的具体应用系统，以及相应的物联网应用系统设计示例，最后讨论了传感网广城互联的技术和基于 IPv6 的互联接入方式。

目前，构建物联网的关键在于末梢网络。一个末梢感知节点的组成通常包括 4 个基本单元：传感单元（由传感器和模数转换功能模块组成，如 RFID、二维码识读设备、温感设备等）、处理单元（由嵌入式系统构成，包括 CPU 微处理器、存储器、嵌入式操作系统等）、通信单元（由无线通信模块组成，实现末梢节点间以及末梢节点与汇聚节点间的通信）和电源/供电部分。

物联网的底层包含传感网，借助 RFID 和传感器等实现对物件的信息采集与控制，通过传感网将一组传感器的数据汇聚，并传送到核心承载网络。核心承载网是基础通信网络，承担物物互联。物联网的上层主要负责信息的处理和决策支持。物联网可用的承载网络可以有很多种，根据应用的需要可以是公共通信网、行业专网甚至是新建的专用于物联网的通信网。因此，互联网既可以连接人也可以连接物，既可以连接虚拟世界也可以连接物理世界。一般说来，互联网最适合作为物联网的承载网络，特别是当物物互联的范围超出局城网时，或者当需要利用共同网络传输数据时：当然，并不是只有互联网才能作为物联网的承载网络。

规划设计物联网应用系统需要综合应用多项技术，除了传统的数据处理及通信技术外，尚需传感器技术、无线通信技术、IPv6、云计算等，以及定位、跟踪等辅助技术。在具体组建物联网时，一定要结合实际应用领域，充分考虑传感网的特点以及海量数据处理等问题，综合运用传感器技术、嵌入式计算技术、智能组网技术、无线通信技术、分布式数据处理技术，通过各类集成化的微型传感器协作，实时监测、感知和采集各种环境或监测对象的信息，通过嵌入式系统对数据进行处理，并通过随机自组织无线通信网络以多跳中继方式将所感知数据传送到汇聚节点和接入网关，最终到达用户终端，从而真正实现"无处不在"物联网。

第四章 基于 **RFID** 的物联网安全机制

目前互联网已经深入到人们日常生活及其现代社会的政治、经济、文化、教育、科学等各个领域，同时物联网这个建立在互联网基础之上，且进一步扩大了人与物、物与物之间交互技术的重要性也日渐被人们所认识。物联网的安全问题也已经成为影响社会稳定、国家安全的重要因素之一。又由于物联网建立在互联网基础之上，因此互联网所遇到的信息安全问题，物联网中也会存在。

首先物联网上传输的是大量涉及企业经营的物流、生产、销售及企业运行数据，涉及金融行业的交易数据，政府机构的管理、执行数据，所以物联网上数据的安全问题将会影响社会的经济和人民的生活。

其次物联网是存在于现实社会的虚拟社会，物联网不是面对面的交互，如企业的销售、银行的交易、政府部门的执法，都可能面临着一个虚拟的对象，所以双方对象的身份确认问题是不容忽视的问题。另外，来自交互对象的消息的完整性问题、可靠性问题也是人们比较注重的问题。

就上述分析，物联网的安全问题存在数据安全和认证两个方面。

第一节 基本的信息安全技术

数据在传输中可能会受到攻击，用户身份及信息来源在通信中也会遭到质疑，解决这些问题，就涉及数据的保密和认证两个方面。数据保密是采用不同的手段对数据进行保护，防止数据的泄露；认证分为用户身份认证和信息认证两个方面，采取多种方法防止第三者的修改和伪装，保证用户身份的合法性和信息来源的可靠性。下面对保密和认证两个方面的技术简单论述之。

一、数据保密技术

（一）密码学基础

数据保密必然离不开密码学，密码学的基本原理是将要传输的明文 m 经过某种加密算法 E 的作用转换成密文 C，在接收端再经过解密算法 E′的作用，转换为原始明文，保证了数据机密性的服务，加、解密过程中都有密钥的参与。密码学还可以提供数据完整性和身份认证等服务。密码学的核心内容是加密算法，加密算法大致分为三种：对称密钥算法、非对称密钥算法和散列算法。

（二）对称密钥算法

对称密钥算法是一种单钥密码算法，即加密密钥和解密密钥相同。它要求加密者和解密者在通信之前，商定一个密钥，对称密钥算法的安全性主要依赖于密钥的安全。在公开密码技术出现之前，它是唯一的加密技术。目前也是信息加密的主要算法。

对称密钥算法的特点是，加、解密速度快，计算开销小，但由于加、解密同密钥，所以密钥的分发和保管比较麻烦。

对称密钥算法包括分组密码技术和流密码技术两个重要分支。具有代表性的对称密钥算法有数据加密标准（DES）、三重 DES、高级加密标准（AES）、RC5 等。

1. 分组密码

分组密码是将明文分为 m 个明文块，每组明文在密钥的作用下生成一个密文块，解密过程相同，只是密钥的使用次序反过来。常用的分组密码有 DES 和 AES 等。

（1）数据加密标准 DES

DES 是用 56bit 的密钥加密 64bit 的明文消息组，加密后密文分组的长度也是 64bit，没有数据扩张。

首先由 56bit 的密钥生成 16 个 49bit 的子密钥。之后对一组 64bit 的明文输入，进行一次初始置换，得到 64bit 的输出，该输出在子密钥 1 的作用下，经过第一轮运算。随后，依次在 16 个密钥的作用下，经过 16 轮运算之后，输出结果 32bit，再相互对调，然后进行逆初始置换，得到 64bit 的密文输出。

DES 的工作模式有电子密本模式、密文分组链接模式、密文反馈模式和输出反馈模式。前两种立足于大小为 8Byte 的字组，目前应用较多。后两种适用与没有字组结构的连续报文。DES 的强度依赖于算法自身和 56bit 的密钥。DES 算法很容易用硬件实现。

由于 DES 算法密钥过短，容易受到蛮力攻击，因此出现了三重 DES 标准，是 DES 的一个更安全的变形，是 DES 向 AES 过渡的加密标准。3DES 是以 DES 为基本模块，通过组合分组方法而进行分组加密的算法。

（2）高级加密标准 AES

AES 是一个迭代型分组密码，其分组长度为 128bit，密钥长度可变，可以是 128bit、192bit、256bit。AES 比 DES 密钥长，比 3DES 速度快，安全度不低于 3DES。

（3）RC5 算法

RC5 算法是 Rivest 于 1994 年提出的一个新的快速的对称分组加密算法。明文分组长度可变，可以是 32bit、64bit 或 128bit，加密和解密算法轮数可变，密钥长度可变。RC5

最低安全版本为 RC5-32/16/16，即明文块长 64bit（32 为字长，RC5 用 2 字块），轮数 16 轮，密钥长度为 16Byte，即 128bit。

将明文块分为两个相等的块——明文 A 和明文 B，假设明文块长度为 64bit（字长 W 为 32），则明文 A 为 32bit，明文 B 为 32bit。

RC5 算法对密钥进行一组复杂的操作后产生总共 t 个子密钥存储在数组 S［0，1，…，t］中以用于加密解密。每一轮循环使用 2 个子密钥，还有 2 个子密钥用于初始化，不属于任何循环的操作，这样就有 t = 2r + 2，r 是循环轮数。每个子密钥的长度是一个字长（Wbit）。

2. 流密码

流密码又称序列密码，是密码体制中的一个重要分支。将明文划分为字符（如单个字母），或其编码的基本单元（如 0，1），字符分别与密钥流作用，进行加密。解密时以同步产生相同的密钥流实现密文的解密。

流密码的强度完全依赖于密钥流产生器所生成序列的随机性和不可预测性，核心问题是密钥流生成器的设计，关键技术是加密、解密两端的密钥的同步实现。常见的流密码有 A5、RC-4 等。

上述对称密码中分组密码技术强大，在射频识别中起着次要的作用，流密码实现简单、计算复杂度低、速度快、没有或只有有限的错误传播，使流密码在实际应用中保持着优势，在射频系统加密中起着重要的作用。

（三）非对称密码

在对称密钥算法中，加密和解密密钥是相同的，所以就存在密钥的存储、交换与分配问题。而非对称密码正是解决了这一问题，同时也解决了数字签名的需求。

非对称密码采用两个密钥，把加密和解密分开来处理。一个是加密密钥，公开的，叫做公钥；另一个是用户专用的，是解密密钥，叫做私钥。通信双方无须事先交换密钥就可以进行保密通信。要从公钥或密文中破解出私钥和明文在计算上不可行的。非对称密码可以用于保密和数字签名两种用途。以公钥加密信息，私钥解密信息，实现信息保密功能；以私钥加密信息，公钥解密信息，完成签名功能。

由于加密与解密的密钥不同，所以通信双方事先不需要进行秘密的密钥交换，只要查到对方的公钥即可完成加密过程。再者用户密钥的持有数量大大地减少了，每个用户只需要持有自己的私钥即可，公钥可以放在公开的场所，供他人查找取用，那么对于 m 个用户的团体，仅持有 m 对密钥，就可以满足用户之间的安全通信要求。显然，密钥的管理相对容易得多。非对称密码还可以与 Hash 函数联合运用生成数字签名等，这是对称密码无法实现的服务。

(四) 散列函数

散列函数的应用范围很广，例如，消息签名、消息完整性检测、消息非否认检测等。在安全协议的设计、分析和应用中，也经常用到散列函数。常见的散列算法有 MD5、SHA-1 等。

二、认证技术

认证是一个实体用一种可靠的方式验证另一个实体证明了的某种声称属性的过程。在当前飞速发展的网络时代，认证也是网络安全的一个重要的组成部分，通过认证完成了数据源的确认和实体身份的确认。

(一) 基本认证技术

基于现有的认证技术，按照双方交换认证信息的不同，认证方式基本分为三类，即单方认证、双方认证和包含可信第三方的认证。

1. 单方认证机制

单方认证机制是指参与的两个主体 A 和 B，其中一方对另一方的主体进行认证的过程。认证机制主要包括基于信息交互模式的挑战-应答机制、基于非交互模式的时戳机制。涉及的密码技术包含对称和非对称密码算法。ISO/IEC（国际标准化组织/国际电子协会）制定了单方认证的标准化机制。

2. 双方认证机制

双方认证机制是两个通信实体相互认证的过程，此过程不是两次单方认证的简单组合。ISO 公钥三次传输双方认证协议给出了一种基于签名的双方认证机制。

3. 包含可信第三方的认证机制

基于单方认证和基于双方认证的机制都是假设参与方要么预先共有某条安全信道（在使用对称密码技术的机制中），要么一方预先知道另一方的公钥（在使用非对称密码技术机制中），所以这些认证机制仅适合于预先相互认识的主体。

而在一个开放的环境中，要求每个主体维护它与系统中其他所有主体的通信状态是很困难的，如果两个互不相识的主体系统进行安全通信，它们应该首先建立一个安全信道，这个安全信道依赖于可信第三方（TTP）的集中化认证服务。TTP 服务可以是在线的，也可以是离线的。在 TTP 的帮助下，任意两个实体之间，即使完全不认识，也能够建立安全通信。下面介绍一种包含 TTP 服务的实体认证协议，称之为 Woo-Lam 协议。

该协议并不安全，存在着一些安全缺陷，也容易受到多种攻击，如平行会话攻击、反射攻击等。

（二）具体认证方法

具体的认证方法又包含许多种，有消息认证、数字签名、身份认证等。

1. 消息认证

消息认证又称报文鉴别，是认证消息的完整性，保证消息的接收方能够验证收到的消息是真实的和未被篡改的。

消息认证包含如下内容：

消息源鉴别：用于确定消息发送者的身份。基本原理是发送方利用私钥加密报文，接收方利用公钥解密报文，在私钥唯一被发送方独有的假设前提下，接收方可以鉴别发送方的身份。可以采用多种方法实现。

消息内容鉴别：用于保证数据的完整性，保证消息内容没有被篡改。基本原理是将消息摘要与消息一起发送，在接收方使用同样的算法对消息进行计算，得到同样的摘要，即认为内容没有被篡改。

消息时间性鉴别：目的是验证消息时间和顺序的正确性。可以利用时间戳、对消息进行编号等方法实现。

消息认证码（MAC）就是一种广泛使用的消息认证技术。它利用的是共享密码实现的。

常用的构造 MAC 的方法包括，采用分组密码构造，如利用 DES 构造的 CBC-MAC；利用散列函数构造的，如 HMAC，将一个密钥与一个 Hash 函数结合的方法。

2. 数字签名

数字签名主要用于对消息进行签名，防止消息被伪造或篡改。一个完整的数字签名应该具有如下功能：

信息源鉴别。接收方可以鉴别发送方的身份。防止他人的伪造和冒充。

不可否认性。任何人都可以利用签名者的签名验证签名的有效性、不可否认性，防止签名者的抵赖行为。

信息的完整性。接收方可以确认收到信息是未被篡改的。

一般数字签名算法是建立在公钥密码体制基础上的。发送方用私钥进行加密（签名过程），接收方用公钥进行解密（签名验证过程），利用私钥的不公开性，利用公钥和私钥的唯一对应性验证发送方的身份，解决伪造、抵赖和篡改等问题。

在实际应用中可以采用公钥密码体制对整个信息进行加密签名。但考虑到签名系统的效率问题，也采用将加密和签名分开的形式，即对消息摘要进行加密签名，但此方式不能保证消息的机密性。为了解决消息的机密性问题，可以采用公钥签名和对称密钥加密的结合方式。在数字签名中常用到的公钥算法有 RSA、Diffie-Hellman、ECC 等。

3. 身份认证

身份认证是指在两方或多方参与的信息交互中，参与者对其余各方的身份的判断与确认，防止用户伪装，防止非法用户对特定资源的未授权访问。一个完备的身份认证协议应满足如下的要求：

①完备性。合法用户被验证者正确验证的概率接近于 100%。

②合理性。攻击者伪装合法用户被成功认证的概率接近于 0。

③不可复用性。验证者不可复用以前的认证信息伪装成其他用户，进而骗取其他用户的信任。

通常身份认证方法可以归为如下三类：

①密码验证法。如口令、密钥等。

②拥有物验证法。如身份证、信用卡、消息摘要等。

③生物特征验证法。如指纹、笔迹、血型、DNA 等。

常用的认证方法有：

①基于静态口令的身份认证。是当前网络管理中使用最为广泛的协议，协议服务于若干用户和唯一的系统管理者。每一个用户都持有用户身份（ID）和用户口令（PW）。当用户需要登录服务器时，用户需要提供 ID 和 PW，将由系统验证者完成用户的认证。由于该协议工作于开放的网络环境下，且认证主体没有执行任何密码操作，所以管理者拥有的口令文件容易被攻击者读取，攻击者可以冒充用户登录系统，又由于口令的明文传输，容易受到在线口令窃听攻击。所以该协议采取一系列措施来提高认证的安全性，如管理方存口令的散列值替代口令的明文，口令存储时引入 Salt 值，以对抗字典攻击等。

②基于动态口令的身份认证。静态口令会受到重放性攻击，而动态口令在每次认证时只使用一次，故可以抵抗重放攻击。动态口令的实现方法有多种，可以通过用户和系统验证者共享一张口令表，每个口令只允许用一次，此方案存在口令管理安全问题；可以采用按序修改的一次性口令，在用户使用本次口令进行认证时，验证者即产生下次口令，并传送给用户，以备下次认证用；还可以采用基于单向函数的一次性口令，此方案是由当前的口令隐含地确定下个口令，如 S/Key 协议，是目前最常用的动态一次性口令协议。

③基于挑战-应答协议的身份认证。该类认证利用密码学中的挑战-应答协议实现身份验证。细分为基于单钥密码体制（或散列函数）的协议，如利用 DES 建立的认证协议，或者利用 Hash 函数建立的认证协议；基于公钥密码体制的协议，能够解决双方共享密钥这个问题，从而实现身份认证协议的不可复用性要求；专用的基于挑战和应答的身份认证协议；基于零知识证明的挑战-应答协议等。

④指纹识别。属于生物特征身份认证，利用指纹特征对用户的身份的识别的过程。可以避免传统的身份认证方式存在的许多缺点，如口令、密码的易忘记、易被攻击和易泄露或被伪造和冒用等问题。

（三）智能卡的认证技术

内部带有微处理器（CPU）的智能卡，具有独立的计算和存储能力，可以存储用户的私钥及数字证书等信息，并能够参与客户端的认证工作。有些 CPU 卡还装有协处理器，专门用于处理加、解密算法，如 DES、三重 DES 和 RSA。

随着智能卡的广泛应用，对它的攻击方式也越来越多，根据攻击手段和攻击对象的不同，攻击可以归纳为三种：一是通过伪造智能卡，进入合法系统；二是冒充或者盗用他人卡，对系统进行未经授权的访问；三是利用主动攻击获得系统信息。所以智能卡的安全和认证技术将会影响它将来的发展空间。当前智能卡的认证技术可以分为以下几种：

按照加密算法的种类，智能卡的认证技术可以分为基于对称加密算法的认证和基于非对称加密算法的认证。由于受到当前 CPU 卡的运算能力和运算速度的限制，目前主要使用对称加密算法的认证技术。

按照被认证的用户数量分为单方认证和双向认证。单方认证是确认参与认证的一方的真实性；双向认证是参与通信的双方身份的确认。

按照参与认证数据的状态可分为静态认证和动态认证。前者是每次参与认证的数据静态不变，易受到窃取攻击、重放攻击等；后者是用于认证的数据每次都有变动，有效地防止了重放攻击。

按照认证的对象分为内部认证和外部认证。内部认证是卡的读写设备对智能卡的合法性与可信性的认证过程；外部认证是智能卡对读写设备的合法性和可信性的认证过程。

三、主要攻击手段

针对一系列的数据安全和认证协议，也出现了许多的攻击方法。从应用出发，常见的攻击种类有中间人攻击、拒绝服务攻击、扫描攻击、嗅探器攻击、重放攻击等。

（一）中间人攻击（Man In the Middle Attack，MIMT）

这是一种间接的入侵攻击，这种攻击模式是通过各种技术手段虚拟的将攻击者（即中间人）放置在两个通信的终端之间，与原始的两个终端之间建立活动连接并读取或修改传递信息，而两个原始的终端却不知晓他们的通信对象是中间人，而不是对方。中间人攻击通常利用拦截数据—修改数据—发送数据的通信过程实现对目标的攻击，达到信息篡改、信息窃取等目的。

网上银行是近年来发展较快的一种银行运作模式，为了提高用户在网上交易时的安全和认证强度，许多银行推出了采用双因素认证的安全机制，有效的防止了黑客攻击等安全问题，但网络攻击者利用中间人攻击手段找到了一种绕过新型令牌认证系统的方法。如今，MIMT 攻击成为对网银、网游、网上交易等最有威胁并且最具破坏性的一种攻击方式。

（二）拒绝服务攻击（DoS）

拒绝服务攻击又称为淹没攻击。此攻击是利用各种手段消耗系统资源，最终导致系统瘫痪或停止服务。当数据量超过其处理能力而导致信号淹没时，则发生拒绝服务攻击。常见的 DoS 攻击有对计算机网络的带宽攻击和连通性攻击。带宽攻击指以极大的通信量冲击网络，使得所有可用网络资源都被消耗殆尽，最后导致合法的用户请求无法通过；连通性攻击指用大量的连接请求冲击计算机，使得所有可用的操作系统资源都被消耗殆尽，最终计算机无法再处理合法用户的请求。拒绝服务攻击主要有三类，即 SYN 洪水攻击、IP 碎片攻击和网络放大攻击。在射频系统中产生射频阻塞或者使系统丧失正确处理输入数据的能力，也属于拒绝服务攻击。

（三）扫描攻击（Scan Attack）

通过向被扫描对象发送含特定信息的数据，根据被扫描对象对特定信息的不同响应来获得被扫描对象的系统信息的一种攻击方式。扫描攻击利用扫描工具收集被攻击对象的详细信息，从而发现目标系统的漏洞或弱点。针对网络发起的扫描攻击类型主要有三种，即 ping 扫描、端口扫描、漏洞扫描。

（四）嗅探器攻击（Sniffer Attack）

这是一种被动攻击方式，通过使用嗅探器监听网络，监听流经网络的数据包，从而获取一些机密信息。如获取口令、账户或者一些协议信息。

（五）重放攻击（Replay Attack）

攻击者预先记录某个主机先前的某次运行中的某条消息或者数据包，然后在同该主机再次发生通信时运行重放记录的消息或数据包，以期达到欺骗系统的目的。消息重放攻击主要用于身份认证过程，是对认证协议的传统攻击。

当然，对于网络的攻击还可以从其他角度分类。如针对路由的攻击、针对 MAC 地址的攻击等方式。

1. 针对路由的攻击

网络设备之间为了交换路由信息，常常运行一些动态的路由协议，常见的路由协议有 RIP、OSPF、IS-IS、BGP 等。这些路由协议可以完成路由表的建立，路由信息的更新、路由信息的交换、分发等功能。这些路由协议在方便路由信息管理和传递的同时，也存在一些缺陷，攻击者利用路由协议的这些缺陷，对网络进行攻击，可以造成网络设备路由表紊乱，网络设备资源大量消耗，甚至导致网络设备瘫痪。如 OSPF，是一种应用广泛的链路状态路由协议。该路由协议基于链路状态算法，具有收敛速度快、平稳、杜绝环路等优点，十分适合大型的计算机网络使用。该路由协议通过建立邻接关系，来交换路由器的本地链路信息。但是如果一个攻击者冒充一台合法路由器与网络中的一台路由器建立连接关系，并向攻击路由器输入大量的链路状态广播，就会引导路由器形成错误的网络拓扑结构，从而导致整个网络的路由表紊乱，进而可能导致整个网络瘫痪。对于此类攻击采用报文验证等手段可以很大程度上避免这类攻击。

2. 针对 MAC 地址的攻击

MAC 地址表一般存于交换机上。这些 MAC 地址表一般是通过学习获取的。通过分析和提取数据帧的源 MAC 地址，建立和维护端口和 MAC 地址的对应表，以此建立交换路径，作出合适的转发决定。如果一个攻击者向一台交换机发送大量与源 MAC 地址不同的数据帧，则该交换机就可能把自己本地的 MAC 地址表学满。一旦 MAC 地址表溢出，则交换机就不能继续学习正确的 MAC 表项，结果是可能产生大量的网络冗余数据，甚至可能使交换机崩溃。

总之，攻击是以获取目标的机密信息或破坏目标的服务为目的的。针对攻击行为出现了被动的防御手段，同时也出现了主动的监测和掌控手段。攻击和防御是一对交织在一起的矛盾体。

第二节　物联网的安全问题

一、物联网的安全内容

物联网是 TCP/IP 网络的延续和扩展，将网络的用户端延伸和扩展到任何物与物之间，是一种新型的信息传输和交换形态。目前，学术界公认为"物联网是一个由感知层、网络层和应用层共同构成的大规模信息系统"。核心结构主要包括：感知层，如 RFID、无线传感器、红外等感知设备，其主要作用是采集各种信息；网络层，如 Internrt、无线网络、移动通信网络等，其主要作用是负责信息交换和数据通信；应用层，主要负责信息的分析处理、决策控制，以便实现用户的智能化应用和服务，从而实现物与物、人与物的相联，构造一个覆盖世界上万事万物的智能网络。

由此，物联网的安全来自物联网的感知层、网络层和应用层。

首先，在物联网感知层采用 RFID 技术时，嵌入了 RFID 芯片的物品不仅能方便地被物品的合法读写器所感知，同时其他设备也能进行感知。特别是当这种被感知的信息通过无线网络平台进行传输时，信息的安全性相当脆弱。如何在感知、传输、应用过程中提供一套强大的安全体系作保障，是一个重要的安全问题。

其次，无线传感器网络是一个存在严重不确定性因素的系统环境。广泛存在的传感智能节点本质上就是监测和控制网络上的各种设备，它们监测网络的不同内容、提供各种不同格式的事件数据来表征网络系统当前的状态。然而，这些传感智能节点又是一个外来入侵的最佳场所。从这个角度而言，物联网感知层的海量数据非常复杂，具有很强的冗余性和互补性，还具有很强的实时性特征，同时又是多源异构型数据。因此从无线传感器的路由到数据传输、融合都存在安全问题。

最后，在物联网的传输层和应用层也存在一系列的安全隐患，除了面临现有 TCP/IP 网络的所有安全问题，同时还因为物联网在感知层所采集的数据格式多样，来自各种各样感知节点的数据是海量的、并且是多源异构数据，带来的网络安全问题将更加复杂。所有的网络监控措施、防御技术不仅面临更复杂结构的网络数据，同时又有更高的实时性要求，在网络技术、网络安全和其他相关学科领域面前都将是一个新的课题、新的挑战。亟待出现相对应的、高效的安全防范策略和技术。

针对上述安全问题存在的攻击主要有以下几个方面：利用漏洞的远程设备控制、标签复制和身份窃取、非授权数据访问、破坏数据完整性、传输信号干扰、拒绝服务等。

二、物联网安全问题的主要特点

与互联网安全相比，物联网的安全问题更为突出，互联网一旦受到安全威胁，其造成的损失一般集中在信息领域，而物联网一旦受到攻击，那么将会直接影响现实社会、实际生活。可能会出现工厂停产、供应链中断、医院无法正常就医，进而造成社会秩序混乱，甚至于直接威胁人类的生命安全。物联网是实现物物相连的网络，涉及面更广、更深，面临着更为严峻的安全挑战，因此物联网同时也具有一些安全方面的特点。

首先，物联网的本质特性导致其存在一定的安全问题。

（一）互联网的脆弱性

互联网在设计之初，其主要目标是用于科研和军事，相对比较封闭，没有从整体、系统和开放性应用的角度来思考、解决安全问题，因此互联网本身并不安全，这是当前互联网安全问题日益严重的根源。又由于物联网建设在互联网的基础之上，互联网安全的脆弱性，同样影响着物联网的安全。

（二）网络环境的复杂性

物联网将组网的概念延伸到了现实生活的物品当中，将涉及物流、生产、金融、家居、城市管理和社会活动等方面面。从某种意义上来说，复杂的应用需求将现实生活建设在物联网中，从而导致物联网的组成非常复杂，复杂性带来了诸多不确定性，从安全角度，无法确定物联网信息传输的各个环节是否被未知的攻击者控制，复杂性成为安全保障的一大障碍。

（三）无线信道的开放性

为了满足物联网终端自由移动的需要，物联网边缘更多地依赖于无线通信技术，无线信道的开放性使其很容易受到外部信号干扰和攻击；同时，无线信道不存在明显边界，无线网络比有线网络更容易受到入侵，外部观测者可以很容易对无线信号进行监听；再者，无线技术是从军用转向民用，对无线网络的攻击技术研究已有多年，目前，通过智能手机和手持设备发起攻击的技术不断完善。因此保障物联网的无线通信安全也就更加困难。

（四）物联网感知端的能力局限性

一方面，无线组网方式使物联网面临着更为严峻的安全形势，使其对安全提出了更高要求。另一方面，物联网感知端一般是微型传感器和智能卡（如射频标签），其在运算处理、数据存储能力以及功率提供上都比较受限制，导致一些对计算、存储、功耗要求较高的安全措施无法加载。

此外，在社会生活中处于广泛应用和高度关注的基础设施，也将会吸引一些恶意攻击者的破坏。物联网的价值非常巨大，在其上传输的数据包含军事、政治、科学、生产及其人们的日常生活，它将影响并控制现实世界中的事件，从而不可避免地受到攻击者的极度关注。早期的互联网仅涉及信息资产领域，缺乏太多的信息价值，只能是黑客展示其攻击技术和能力的场所，只是随着越来越多的国家基础设施依赖互联网，更多信息资产存储在互联网上的时候，才逐渐成为攻击者窃取信息资产的场所。当物联网具备了更透彻的感知功能、更全面的互联互通和更深入的智慧化的功能的时候，如果缺乏足够的安全机制和防护措施，那么物联网很可能成为各种黑客、敌对势力肆意活动的场所。

三、物联网的安全结构

物联网具有三大特点：全面感知、可靠传送、智能服务。

全面感知。利用 RIFD、传感器、二维码，及其他各种的感知设备随时随地采集各种动态对象，全面感知世界。

可靠传送。利用以太网、无线网、移动网等多种网络将感知的信息进行实时传送。

智能服务。对物体实现智能化的控制和管理，真正达到了人与物的沟通，物与物的联系。

基于物联网的特点，为了保证物联网感知数据的真实性与安全性，信息传输的机密性与完整性，用户身份的合法性等一系列的安全问题，应该有一个全方位的物联网安全体系架构。

全方位的物联网安全体系结构包含感知设备及网络的物理及拓扑安全、访问控制安全、身份认证与授权、通信链路安全、入侵检测与防御、数据与数据库安全、安全传输、应用安全、管理安全、系统安全和安全标准等。

（一）物理及拓扑安全。

保护终端及网络设备、设施、介质和信息免遭自然灾害、环境事故以及人为物理操作失误或错误及各种以物理手段犯罪行为导致的破坏和丢失。

（二）访问控制安全。

它的主要任务是保证网络资源不被非法使用和非常访问，也是维护网络系统安全、保护网络资源的重要手段。根据网络的安全域结构，设置边界访问控制，是对身份的验证和权限的验证。包含内外网边界、内网边界及局域网和子系统边界。访问控制安全方案包括隔离方案、边界防火墙配置方案、局域网虚拟子网间的访问控制、远程访问控制等。

（三）身份认证与授权。

身份认证是系统确认用户身份的过程，主要由用户、通信网、数据库、认证管理服务器等构成。认证机制主要有双方认证和三方认证，目前常用的认证方式有口令认证方式、智能卡认证方式和生物学特征认证方式等；授权是允许用户具有访问资源的权限，典型的方法是先认证用户的身份，然后查询与资源相关的数据库，该数据库列出了哪些用户拥有哪种操作权限。

（四）通信链路安全。

利用物理层所建立起来的物理连接形成通信数据链路，通过差错控制、流量控制、链路加密和链路的管理等链路服务，实现实体间数据的安全可靠传送。

（五）入侵检测与防御

主要用于识别对系统资源的恶意使用行为，能够捕获并记录网络上的所有数据，分析网络数据并提炼可疑的、异常的网络数据，能够穿透一些巧妙的伪装，发现入侵的企图或异常现象，起到网络监控、实时报警和主动跟踪、防御的作用。主要完成用户和系统行为的检测与分析、系统配置和漏洞的审计检查、重要的系统和数据文件的完整性评估、攻击行为模式的识别和异常行为模式的统计分析等，完善了静态安全防御技术诸多不足。

（六）数据与数据库安全

数据的安全包含数据存储和传输两个方面的安全。存储安全指存储环境安全、存储介质安全、存储管理等方面的安全；传输安全指信息错误发送、非法拦截、泄露等，保证数据的机密性和避免数据的丢失、泄露、受扰和缺损等现象发生。常用的安全防范措施有数据加密、网络加密、存取控制和数据安全管理等。数据库安全包含数据库系统的安全性和数据库数据的安全性两个层面。数据库系统安全性是指在系统级控制数据库的存取和使用的机制，尽可能地防止非法用户入侵数据库系统，保证数据库系统不受软、硬件故障及灾害的影响而安全运行；数据库数据的安全指控制数据库的存取和使用机制，保证合法用户对数据的合法操作。

（七）安全传输

保证物联网中信息的传输过程中的主体鉴别、数据加密、数据完整性鉴别和防抵赖性。

（八）应用安全

应用层处于物联网结构模型中的最高层，应用层的目的是为物联网用户提供特定的服务。由于当前物联网的应用服务非常的广泛，涉及日常生活、环境、生产、政府等诸多方面，没有一个系统的归类，所以应用安全尤其显得重要，设计上的漏洞可能使得应用面临严重的安全威胁。

（九）管理安全

是对安全服务和安全机制的管理，对系统资源及其重要信息访问的约束和控制。要建立安全管理体系、建立安全审计和跟踪机制，提高整体网络的安全性能。

（十）系统安全

综合考虑和运用各种安全技术，形成一个完整的、协调一致的安全防护体系，实现系统的保密性、数据的可靠性、信息的不可抵赖性和可用性。

（十一）安全标准

安全保障体系是物联网的重要组成部分，也是国家利益、民生利益、促进社会发展的保障安全标准是安全保障体系的支撑。一系列完善的安全标准是保证物联网可感知、可靠传送、智能化的技术保证和专业服务手段。

上述安全体系涵盖物联网的感知层、接入层、网络层、支撑层、应用层各个层面。涉及各种先进的安全技术，设备安全技术、主机安全技术、身份认证技术、访问控制技术、密码技术、防火墙技术、安全审计技术、安全管理技术、系统漏洞检测技术、黑客跟踪技术，在攻击者和受保护的资源间建立多道严密的安全防线，可以极大地提高恶意攻击的难度，并通过增加审核信息量，对入侵者进行跟踪。完成对象认证、数据保密、访问控制、数据完整、防止抵赖等物联网安全服务。下面详细讨论 RFID、传感器及其网络的主要安全技术问题。

第三节　RFID 的安全技术

一、RFID 系统的安全问题

尽管用于认证和识别用途的密码技术已相对比较成熟，但是，到目前为止，由于组成 RFID 系统的必备设备标签 Tag 的特殊性和局限性，设计安全、高效、低成本的 RFID 安全机制仍然是一个具有挑战性的课题。

随着 RFID 广泛的应用，可能引发各种各样的安全问题。安全问题归结为保密性、信息泄露和可追踪性三大问题。在一些身份证件应用中，非法用户可利用合法阅读器或者自构一个阅读器对标签实施非法读取，造成用户信息的泄露，甚至出现合法用户行踪被非法定位追踪；在一些银行金融重要应用中，攻击者可篡改标签内容，或复制合法标签，以获取个人利益或进行非法活动；在药物和食品等应用中，非法者可以伪造标签，进行伪劣商品的生产和销售；在一些特殊领域中，攻击者还可以干扰阻塞系统正常信号的通信链路，冒名顶替向 RFID 发送数据、篡改或伪造数据。

RFID 面临的攻击手段简单地分为主动攻击和被动攻击两种类型。可能的攻击方式有中间人攻击、拒绝服务攻击、阻塞攻击、扫描攻击、嗅探器攻击等。

主动攻击指攻击者访问他所需信息的故意行为。含拒绝服务攻击、信息篡改、资源使用、欺骗等攻击方法。主要包括：在实验室中通过物理手段，对获得的 RFID 标签实体去除芯片封装，使用微探针获取敏感信号，进而进行目标 RFID 标签重构的复杂攻击；通过软件，利用微处理器的通用通信接口，通过扫描 RFID 标签和读写器响应信息的数据包，破译安全协议、加密算法等，进而删除 RFID 标签内容或篡改可重写 RFID 标签内容的攻击；通过获得的通信协议，以非法中间人的身份，在合法用户不知情的情况下，篡改双方的通信数据；以及通过干扰广播、阻塞信道或拒绝服务等手段，产生异常的应用环境，使合法处理器产生故障，无法正常工作等。

被动攻击主要是收集信息而不是进行访问，数据的合法用户对这种活动一点也不会觉察到。被动攻击包括嗅探、信息收集等攻击方法。主要包括：通过采用窃听技术，分析微处理器正常工作过程中产生的各种电磁特征，来获得 RFID 标签和读写器之间或其他 RFID 通信设备之间的通信数据，进而从事非法活动；通过读写器等窃听设备，非法取得通信信息、跟踪个人隐私、跟踪商品流通动态，进行非法商业行动等；通过扫描、监听设备，分析标签的功耗，进行密钥的字典攻击等。

主动攻击和被动攻击都会使 RFID 应用系统承受巨大的安全风险。主动攻击通过物理或编程方法篡改标签内容，通过删除标签内容及干扰广播、阻塞信道、中间人攻击等方法来扰乱合法 RFID 应答系统的正常工作，是影响 RFID 应用系统正常使用的重要安全因素。而被动攻击在不改变 RFID 标签中的内容，也不影响 RFID 应用系统的正常工作的前提下，获取 RFID 数据信息、个人隐私和物品流通信息的重要手段，也是 RFID 系统应用的重要安全隐患。

二、RFID 系统的安全机制

为了保证 RFID 系统数据的机密性、完整性、真实性以及用户身份的合法性、防止用户隐私的泄露，RFID 安全性机制可以采用物理方法、基于密码的安全协议以及二者的结合等手段。下面介绍和分析几种具有代表意义的安全机制。

（一）读取访问控制

在网络的安全环境中，访问控制能够限制和控制通过通信链路对实体的读取访问，为了达到这种控制，应该对访问实体制定访问权限，只有被授权者才能够控制访问资源。针对 RFID 系统，为防止 RFID 电子标签内容的泄露。保证仅有授权实体才可以读取和处理相关标签上的信息，必须建立相应的读取访问控制机制。

可以采用标签使用后去活的控制机制实现标签的读取控制，采用标签隔离机制中断读写器与指定标签的通信，可以采用多个标签假名的方法来保护标签的信息及消费者的隐私；还可以采用访问控制协议，只有授权读写器才能够获得密钥，才能够短时间内解除标签的锁定状态，实现有控制的读取操作。

（二）标签——读写器双向认证

认证是指通过交换信息的方式来确定双方实体的身份的机制。双向认证机制保证了信息的可靠性，在双方进行交互的过程中，不但保证了连接初始化阶段两个实体的可靠性，同时还保证了连接中第三方不能够伪装成合法者之一来干扰连接，执行未授权的传送或接收。认证机制有效地防止了伪造，保证了数据的真实性，保护了用户信息的隐私安全。

可以采用基于散列函数和随机数的挑战——响应认证机制，有效地防止重放攻击、欺骗攻击和行为跟踪等攻击方式。

可以采用具有更新标签的标识符的认证协议机制，从而有效地防止信息的泄露，如 LCAP 协议。

还可以采用密码认证机制，例如 Feldhofer 等提出的一种简单的使用 AES 加密的认证和安全层协议，该协议具有加密认证和双向挑战——响应认证方法双机制。

（三）消息加密

现有读写器和标签之间的无线通信在多数情况下是以明文方式进行的，由于未采用任何加密机制，因而攻击者能够获取并利用 RFID 电子标签上的内容。

消息加密就是利用对明文的加密机制，使得信息在读写器与标签之间的通信以密文方式进行，防止信息在传输中被丢失或泄露，或被非法攻击者截取、复制、修改通信数据等操作。国内外学者为此提出多种解决方案，旨在解决 RFID 系统的保密性问题。

除了上述的几种安全机制，还有其他一些安全机制，如消码器机制，可以将 RFID 标签上的产品数字代码全部清零，一旦标签离开商店，就即刻失去功效。目前，许多机构还在考虑其他一些安全技术来缓解 RFID 标签中的安全隐患。比如，生成针对特定产品的唯一的电子产品代码，这样就算有人突破安全机制，获得的也只是某个产品的代码，而不值得花时间去破译代码。

RFID 系统是由标签、读写器及其通信链路组成，安全问题也会涉及 RFID 系统组成的各个层面，针对上面提及的安全机制，目前常用的安全措施归纳为下面三个部分。

1. 标签中数据的安全措施

只读标签。此方式通过设定标签内的读写控制命令，给标签以只读功能，读写器不可以重写标签中数据，消除了标签数据被篡改和删除的风险，但不能排除被非法阅读的风险。

屏蔽标签。采用技术手段（例如使用 faraday cage，它是一种特殊的袋子，袋子上面有金属环绕以阻隔电波的通过，将标签放入袋子中便可避免外界读写器读取标签）对标签实施屏蔽，使之不能接受来自外界读写器的信号，切断了标签与外界的联系，对标签中的数据实行了保护。但屏蔽掉标签之后，也同时丧失了标签的 RF 特征。此类安全措施主要是在不需要阅读和通信的时候，对标签的一个主要的保护手段，特别是包含有金融价值和敏感数据的标签（高端标签，如智能卡）的场合。

物理损坏。物理损坏是使用物理手段彻底销毁标签，并且不必像杀死命令一样担心是否标签的确失效。但是此方法对一些嵌入的、难以接触的标签则难以做到，也使得标签不可以复用，提高了系统成本。

标签数据自更新策略。该策略可实现在非连续访问的情况下，标签与非授权者的不可链接性。标签在前次的访问结束时完成标签数据的自更新，使得标签与非授权者是不可连接的。即使非授权者捕获了标签的前向信息，仍无法获取 RFID 系统内的现存有效信息。防止了信息的可复用性。

2. 通信链路中的安全措施

控制标签和阅读器之间的通信距离。采用不同的工作频率、天线设计技术、标签技术和阅读器技术控制两者之间的通信距离，降低非法接近和阅读标签的风险，保证合法读写器的读写。但此措施仍然有数据传输中被窃取的风险，而且还以损害可部署性为代价。

实现专有的通信协议。该措施必须设计和实现一套专有的通信协议和加、解密方案。但这违背了实施全球化标准的原则，也丧失了采用工业化标准系统之间的数据共享的能力，所以在高度安全敏感和互操作性不高的情况下，实现专有通信协议是可行的。对于标准化和共享性要求较高的系统可采用基于完善的通信协议和编码方案。

对读写器进行授权，对通信链路中的数据进行加密。为 RFID 标签编程，使其只可能与已授权的 RFID 阅读器通信。而且在阅读器与后端系统通信之前，必须经过授权认证，确保阅读器和后端系统之间的数据流是加密的。

3. 阅读器的安全措施

使用杀死命令（Kill Command）。Kill 命令是从物理上销毁标签，使标签失效的命令。阅读器使用 Kill 命令，标签在接收到这个命令之后便自动销毁，不再对外界读写器的询问和命令做出任何应答或执行的行为。屏蔽和杀死都可以使标签失效，前者是暂时的、可以人为解除的，但后者是永久的、不可逆转的。在零售场合，对货物离开卖场的时候可以采用杀死标签的措施来实现保护消费者隐私的目的。但使用 Kill 命令的最大缺陷是影响到溯源及反向跟踪，比如货源的信息的查询、用户的退货、维修和服务。因为标签已经无效，相应的信息系统将不能再识别该标签。

阻塞器标签。该方法用阻塞器标签来阻止未授权阅读器对指定标签的非法阅读，即使用一个特殊的阻塞器标签中断阅读器与指定标签的通信。这些阻塞器标签包括树遍历协议和 ALOHA 协议等。其工作原理实质就是由阻塞器标签发出干扰信号，使读写器无法完成与标签的交互。可以防止非法阅读器读取和跟踪其附近的标签。在需要时，也可以取消这种阻塞，使得标签得以重新生效。但此方法需要使用一个额外的标签，增加了应用成本。阻塞器标签也有可能被攻击者滥用来使用拒绝服务攻击。

认证和加密。可使用各种认证和加密手段来确保标签和阅读器之间的数据安全。比如，当标签进入读写器接受范围后，收到读写器发射的随机数，即将该数与标签内的密码进行加密运算，并将结果返回读写器，读写器进行反运算，即可完成标签的合法性认证，同时生成新的密码。此番加密和认证增加了破解难度，避免了通信数据被重复利用进行欺诈的可能。

动态密钥。该方案利用了 Hash 函数和密钥保护，在保持系统主密钥不变的情况下，每读一次用户卡，就动态生成密码一次，以此确保用户卡的密钥不断更新，不被破解，也有效地防止了攻击者对信息的重复利用。基于动态密钥的低成本，标签安全方案具有更高的数据安全性和更好的实用性。

第四节　无线传感器的安全技术

众所周知，传感器的应用十分广泛，在工业、农业、军事、国防、城市管理、抢险救灾、环境监测等方面都有重大的使用价值和广泛的应用前景。随着网络技术、传感器技术、微机电技术和无线通信技术的不断发展，出现了无线传感器网络技术（WSN）。众多具有通信、计算能力的传感器通过无线方式连接、相互协作，与物理世界进行交互，共同完成特定的应用任务，构成无线传感器网络。

随着无线传感器网的深入和广泛应用，已经涉及国家的政治和经济领域，其安全问题也日显突出。现阶段对无线传感器网络的攻击主要有：拒绝服务攻击、黑洞攻击、虫洞攻击、hello 泛洪攻击等。

一、无线传感器的安全问题

传感器网络应该具备数据机密性、认证性、完整性、及时性和网络的容侵性。针对无线传感网络的广泛应用和快速发展，安全问题也逐渐显露出来。主要面临的安全问题包括：

（一）来自无线通信过程中的信号干扰

WSN 在空间上的开放性，使得攻击者可以采取频率干扰的方法来破坏传感器接收信号，破坏传感器和基站之间的联系；节点之间的无线链路，使得攻击者可以很容易地接入网络，进行窃听、拦截、篡改、重播数据包等破坏活动。

（二）来自无线传感器网络自身的脆弱性

网络中的节点能量有限，使得 WSN 易受到资源消耗型攻击；而且由于节点部署区域的特殊性，如节点可以自由漫游，攻击者可能捕获节点并对节点本身进行破坏或破解；另外网络拓扑的动态性，如随机撒播的节点、节点分布的不均匀性、节点的移动性，使得网路结构复杂、多变，进一步导致安全问题的复杂化；网络潜在攻击的不对称性，攻击者容易使用常见的设备发动点对点的不对称攻击，如处理速度的不对称，电源能量的不对称，使得单个节点的防御能力受到限制。

无线传感器网面临上述安全问题的特殊性，使得 WSN 网络的安全具有以下特点：

1. 传统网络中的加密和认证机制无法应用到无线传感器网络中

由于 WSN 网络没有控制中心，使用基于公共密钥的认证机制比较困难；WSN 节点的计算能力很低，存储空间不大，不能支持复杂运算，节点之间很难建立信任关系，使得传统的加密和认证机制很难在 WSN 中实现。

2. 传统的静态配置的安全方案无法适用于 WSN 网络

由于 WSN 节点的可移动性，网络的拓扑结构具有高度的可变性，导致节点间的信任关系不断地变化，给密钥管理带来了很大的困难，同时也给恶意移动的节点通过虚假路由信息进入网络提供方便，造成静态配置的安全方案在 WSN 中应用的困难。

3. 传统网络服务中相对固定的数据库、文件系统和文档服务器不再适用

无线传感器网络是一个在各个节点的功能和计算能力、存储能力都相等的对等网络，所有的判断依靠各个移动的节点的互相协作完成，而且由于网络的拓扑动态性，网络中数据的产生和传输也具有很大的不确定性，且具有较高的实时性要求，所以，相对固定的数据库及服务器系统将不合适于 WSN 网络。

4. 传统的防火墙技术不再适用于 WSN 网络

由于无线传感器网络的拓扑结构动态变化，进出该网络的数据由任意的中间节点转发，没有固定的中心节点，使内网和外网的界限不十分清晰。而传统的防火墙技术是控制进出该网络的某个节点，保护内外网的通信安全，故传统的防火墙技术很难在 WSN 网络中部署。

5. 无线传感器网络中最小的资源消耗和最大的安全性能之间存在矛盾

安全机制的部署很大程度上取决于网络中器件的计算能力、存储能力和能源提供情况，而 WSN 中节点的计算能力有限、存储空间受限、能源提供有限，通信带宽和通信距离有限，因此传感器网络安全性与资源消耗之间是一个需要平衡考虑的综合问题。

但随着技术水平的提高和不断完善，无线传感器系统正在向微小型化和智能化方向发展，对信息和数据的处理能力也将继续增强，不远的将来，其安全性能会逐渐得到改善。

二、无线传感器的安全机制

传感器网络的广泛应用面临严峻的安全问题，包括窃听、传感器数据伪造、拒绝服务攻击和传感器节点物理妥协，这使得安全问题和其他网络同样重要。在 WSN 协议栈的不同层次上，会受到不同的威胁攻击，需要不同的防御措施和安全机制。

（一）物理层

WSN 物理层完成频率选择、载波生成、信号检测和数据加密的功能。所受到的攻击通常有：

1. 干扰攻击

攻击节点在 WSN 的工作频段上不断地发送无用信号，使在攻击节点通信半径内的节点不能正常工作。该攻击对单频点无线通信网络影响很大，采用扩频和跳频或者节点交换等方法可很好地解决它。

2. 篡改攻击

WSN 节点分布在一个很大的区域内，很难保证每个节点都是物理安全的。攻击者可能俘获一些节点，对它进行分析和信息篡改，并利用它干扰网络的正常功能。甚至可以通

过分析其内部敏感信息和上层协议机制，破坏网络的安全性。对抗该攻击可以采用篡改校验或隐藏技术。另外，可对敏感信息采用轻量级的对称加密算法进行加密存储。

（二）链路层

链路层为相邻节点提供可靠的通信通道，完成点对点、点对多点的连接。常遇到的攻击有：

1. 碰撞攻击

攻击者在正常节点发包时同时发送另外一个数据包，使得输出信号会因为相互叠加而不能被分离出来。

2. 拒绝服务攻击

违反通信协议不断传输消息以产生冲突，引起数据包重传，导致信道阻塞，大量消耗传感器节点的能源，且很快耗尽节点有限的能量。

另外，还有非公平竞争攻击、窃听攻击、重放攻击等。可以采用数据信息加密防止链路的窃听攻击，采用节点身份认证有效防止重放攻击，可以采用信道监听机制、访问控制或者纠错码等防止碰撞攻击和拒绝服务攻击，网路分级有效阻止非公平竞争攻击。

（三）网络层

路由协议在网络层实现。WSN 中的路由协议有很多种，主要可以分为三类：以数据为中心的路由协议、层次式路由协议以及基于地理位置的路由协议。大多数路由协议都没有考虑安全的需求，使得这些路由协议都易遭到攻击。再者传感器网络又是一个对等的、多跳的网络，节点既可以是终端又可以是转发节点，又给攻击者更多的攻击机会。

网络层面临的主要攻击有：

1. 虚假路由信息攻击

恶意节点在接收到一个数据包后，能通过修改源地址和目的地址，选择一条错误的路径发送出去，从而导致网络的路由的混乱。如果恶意的节点将收到的数据包全部转向网络中的某一个固定节点，该节点可能会通信阻塞和能量耗尽而失效。

这种攻击方式与网络层协议相关。对于层次式路由协议，可以使用输出过滤的方法，即对源路由进行认证，确认一个数据包是否是从它的合法子节点发送过来的，直接丢弃不能认证的数据包。

2. 选择性转发和丢弃攻击

恶意节点可以将自己的数据包选择性的以很高的优先级发送，破坏网络通信秩序。或者，恶意节点在转发数据包过程中丢弃部分或全部数据包，使得数据包不能到达目的节点。

通常采用多径路由来解决上述攻击，即使恶意节点丢弃了数据包，数据包仍然可以通过其他的路径到达到目的节点。虽然多径路由方式增加了数据传输的可靠性，但同时也引入了新的安全问题。

3. 黑洞攻击

攻击者利用收发能力强的特点吸引一个特定区域的几乎所有流量，创建一个以攻击者为中心的槽洞。即基于距离向量的路由机制，恶意节点通过发送零距离公告，使周围节点将所有数据包都发送到恶意节点，形成无线传感器网络中一个路由黑洞，使数据包不能到达正确的目标节点。

黑洞攻击破坏性大，但较易被感知。通过认证、多路径路由等方法可以抵御黑洞攻击。

4. Sybil 攻击

一个节点以多个身份出现在网络中的其他节点面前，使其更易于成为路由路径中的节点，然后与其他攻击方法结合达到攻击目的，这就是 Sybil 攻击的原理。Sybil 攻击能够明显地降低路由方案对于诸如分布式存储、分散和多路径路由、拓扑结构保持的容错能力，它对于基于位置信息的路由协议构成很大的威胁。

对抗 Sybil 攻击，通常采用基于密钥分配、加密和身份认证等方法。

（四）传输层

传输层用于建立 WSN 与 Internet 或者其他外部网络的端到端的连接。目前传输层协议一般采用传统网络协议。安全问题与传统网络基本一致。

（五）应用层

应用层提供了 WSN 的各种实际应用，其安全问题一般与具体的应用系统紧密联系。上述分析了 WSN 网络的各个层次的安全问题和安全措施。要保证网络的安全，应该综合考虑从物理层、链路层到应用层多层次的安全机制。

下面对应用于 WSN 的几种主要安全机制进行整理归纳。一般来讲包含加密、认证、密钥管理、安全组播、网络分级管理、安全等级路由、入侵检测、容侵策略等安全机制。

1. 加密

加密是数据信息安全的基本保证。由于 WSN 节点的运算能力的限制，可以采用轻量级加密算法，如 RC5、AES 等，有效防止无线链路信息的窃听、篡改、重放以及篡改链路的加入等攻击。

2. 认证

为了保证数据的机密性、完整性和不可抵赖性，认证是 WSN 中常用的安全机制。在

WSN 中对信息源的合法认证，防止了非法节点发送、伪造和篡改信息；对节点的身份认证，有效阻止了非法节点的路由入侵。同样，由于运算开销大、CA 支持困难等问题，WSN 中的认证不同于传统网络的认证，主要集中在认证体系结构和基于门限密码的认证方案上。

3. 密钥管理

密钥管理是安全管理中最困难、最薄弱的环节。针对 WSN 网络的特殊性，目前提出了预置全局密钥、预置所有对密钥、随机预分配密钥、低能耗密钥和轻量级等密钥管理方案。

4. 安全组播

即通过构造树状的通信链路，控制信息的传播方向；通过建立密钥分发树，对节点进行树状分级管理。安全组播树对节点的加入和离开都有相应的验证策略。

5. 网络分级管理

把网络划分为小的区域，以小组为单位管理节点，保证节点在小组之间漫游的移动安全性。如果移动节点的归属小组失效，该节点就会及时脱离系统。另外，小组区域内选择高能量的节点为簇头，通信时基站管理多个簇头，簇头管理多个节点，这样的分级管理可以明确责任，在网络受到攻击时，很快发现问题节点。

6. 安全路由

路由安全是保障网络安全的一个重要措施。安全路由可以阻止攻击者发送错误的路由信息、重放过期的路由信息和破坏路由信息，防止出现网络分割、无效错误路由，避免出现网络的严重拥塞或瘫痪。

现有的几种安全路由为简单公钥体系（SPKI）/简单分布式系统体系（SDSI）、传感器网络的安全协议（SPKI）和容侵路由协议（INSENSE）。基于 WSN 网络的特殊性，其安全路由的研究一直是一个热点，人们还在综合考虑安全路由协议，如加入容侵策略、加入广播半径限制和加入安全等级策略的安全路由设计。

7. 入侵检测

由于 WSN 网络能量、存储和带宽的受限，缺乏中心的检测和管理节点以及通信介质开放，节点数目巨大等特性，使得传感器网络更容易遭到入侵。作为一种主动防御机制，入侵检测已经成为网络安全体系中的一个关键组成部件，可以实现动态的监控、预防和抵御系统的入侵行为的安全机制。通过入侵防护技术可以防止假冒、分布式错误路由请求、DoS 等多种攻击。

常用的网络入侵检测方法有：模式匹配、协议分析、专家系统、统计分析、数据挖掘、神经网络、遗传算法等。在实际应用与研究中，通常不采用单一的检测方法，而是采用多种检测方法相结合的方式来检测攻击。

然而，WSN 自身的许多特点决定了不能直接采用有线网络中的入侵检测技术，如有线网络入侵检测技术需要监测用户和程序的活动，通常要对交换机、路由器和网关的数据进行实时的分析，而 WSN 每个节点只能在有限的传输距离内进行通信和交换数据，这样监测到的只是局部不完整的信息，同时 WSN 网络还是一个节点可移动的网络，拓扑结构随时可变，所以像有线网络一样找到一个合适的数据分析点比较困难。因此，WSN 入侵检测的方法有待于开发和研究。目前针对 WSN 的入侵检测技术主要集中在分布式无线 IDS（入侵检测）模型和混合 IDS 模型的研究。主要有采用参数异常检测技术的分布式无线 IDS、建立在 WSN 的层状分簇式机构基础上的基于认证的入侵预防的入侵检测技术、基于移动 Agent 的 IDS 和基于移动 Agent 的分布式 IDS 等。

三、无线传感器的认证与加密机制

（一）认证机制

传感器网络的认证技术主要包含实体认证和信息认证两个方面。

实体认证主要用于鉴别节点或用户的身份。传感器认证技术中的实体认证有基于对称密码学的 E-G 算法、Leap 算法，基于非对称密码学 RSA 的 TinyPk 认证方案，还有基于身份密钥体制的其他一些算法、方案。

信息认证用于保证信息源的合法性和信息的完整性，防止非法节点发送、伪造和篡改信息。μTESLA 通过引入推迟公布对称密钥的办法来达到非对称加密的效果，从而较好地解决了广播认证问题。还有利用门限密码的思想提出的其他一些多基站广播认证协议。

（二）加密机制

无线传感网在进行敏感数据传输时为了数据的保密安全起见，是需要数据加密机制的。数据的加密算法有许多种，有对称加密算法、非对称加密算法，有复杂的、有简单的，有安全级别高的、安全级别低的。但考虑到无线传感器节点的内存、计算能力、能量的限制，以及网络带宽的制约，对一些计算复杂的算法或加密后密文过长的算法是不适合应用于无线传感网的。

现有无线传感器网络通信安全算法大多采用对称加密算法，如 RC5 和 SkipJack，RC5 只使用基本的运算，如加法、异或、移位，而且轮数、密钥长度均可变，非常灵活，适用于不同的系统和安全需求。最近的一些研究成果也表明，基于椭圆曲线的非对称加密算法 ECC 可在无线传感器节点上快速运行，而且同等安全级别情况下，ECC 加密算法的密钥比较短，适合于内存有限的传感器节点。同时，基于 ECC 的双线性对加密技术的研究也取得一定进展，将基于 ECC 的双线性对的加密算法应用于无线传感器网络安全模型也成为业界的研究热门。基于身份的加密算法 IBE 也有研究，利用 IBE 体制可有效提高传感节点的密钥管理效率，对研究传感器网络安全模型具有重要的参考价值。但目前尚无出现完整的 IBE 解决方案。

第五节　共性化的网络安全技术

一、影响网络安全的因素

网络安全是指网络系统的硬件、软件及其系统中的数据受到保护，不受偶然的或者恶意的原因而遭到破坏、更改、泄露。影响网络安全的因素一方面来自网络自身的问题，另一方面来自系统外部的安全威胁。

（一）来自网络自身的脆弱性

组成系统的硬件资源、通信资源、软件及信息资源等方面的不同程度的脆弱性，为各种动机的攻击提供了入侵、骚扰或破坏系统的机会，导致系统受到破坏、更改和功能的失效。

网络硬件系统的安全性主要表现是物理方面的问题。针对于网络设备如主机、交换机、路由器等，温度、湿度、电磁场等都有可能造成失效或信息的泄露。

软件系统的安全性主要表现在操作系统、数据库系统和应用软件上。由于设计中无意留下的安全漏洞、设计中的冗余功能、设计中的逻辑问题等，这些都在软件的执行中为攻击者提供了实施攻击的可能性。

通信资源方面的安全性主要来自网络的通信协议。由于因特网的最初开发是在可信任的环境中实现的，在安全方面有它先天的不足。缺乏用户身份的鉴别机制、缺乏路由协议鉴别认证机制、缺乏数据流的保密性，这些都是导致网络不安全的因素。

（二）外来的安全威胁

主要是针对网络信息的机密性、完整性、可用性和资源的合法性使用的威胁。包含信息泄露、完整性破坏、未授权访问及拒绝服务。外来威胁网络安全的主要攻击方法有：伪造攻击，伪造成合法身份，实现对合法资源的欺骗应用，破坏信息的真实性和资源的合法性；中断攻击，使得信息在传输过程中被阻断，无法正确到达目的地，破坏系统的可用性；侦听攻击，通过此手段窃取系统资源，破坏系统的机密性；修改攻击，非法对系统中的信息进行修改，破坏系统的完整性；重放攻击，重放截获的合法数据，实现非法的链接和认证等功能。

二、网络的安全防护机制

针对网络可能受到的安全攻击，网络安全机制将会起到十分有效的作用。网络的安全防护机制包括加密机制、数字签名机制、访问控制机制、数据完整性机制、认证机制、业务流量填充机制、路由控制机制、公正机制等。这些安全机制主要保证了网络中的身份认证、访问控制、数据机密性、数据完整性、不可否认性和可用性。

（一）加密机制

加密机制由加密算法来实现，结合其他技术可以提供数据的机密性、完整性和不可否认性等服务。如前所述加密算法分为对称加密算法和非对称加密算法两大类。网络中加密可以在除会话层外之外的其他各层上进行。

（二）数字签名机制

数字签名一般建立在公钥密码体制中，提供消息的完整性、不可伪造性和不可见否认性安全服务。在网络攻击中，数字签名机制能够起到防止冒充（伪造）、防止篡改（保护信息完整性）、防止重放（保护信息的时效性）和防止抵赖（不可抵赖）和保证消息的机密性。

（三）访问控制机制

访问控制机制是按照事先确定的规则对用户进行授权，决定主体对客体的访问是否合法的安全策略。访问控制机制还可以直接支持数据机密性、数据完整性、可用性及合法使用的安全目标。

（四）数据完整性机制

数据完整性机制提供两种形式的服务：一种是数据单元的完整性；另一种是数据单元序列的完整性服务。保证数据完整性的一般方法是发送实体在一个数据单元上加上一个标记，如 MAC 鉴别码或 Hash 函数值；接收实体计算对应的标记，并与接收的标记相比较，以确定在传输过程中的数据是否被修改过。数据单元序列的完整性要求数据标号的连续性和时间标记的正确性，以防止假冒、丢失、重放、插入或修改数据。

（五）认证机制

认证机制是通过信息交换实现数据源的确认和实体身份的确认。网络中的认证方法主要有基于口令的认证、基于密码技术的认证（如数字签名）和基于实体特征和所有权的认证（如指纹和身份卡）。

（六）业务流量填充机制

据单元到一个固定的长度，使得侦听者无法识别信息的真伪，以对抗非法业务流量填充机制是利用伪造通信业务，如伪造通信实例、数据单元或数据单元的数据，填充数入侵者通过监听对数据流量和流向进行分析，保证业务流的机密性。

（七）路由控制机制

路由控制机制是信息发送者预先的选取物理上安全的路径、中继，以确保敏感数据在适当级别的路由上传输，实现从源点到目的节点的数据安全。

（八）公正机制

公正机制是由可信的第三方担任的，对通信实体的双方或者多方提供公证和仲裁服务，确保通信的数据的完整性，数据源、时间和目的的真实性等。

上面简单列举了八种常见的网络安全的防护机制，实际的网络应用中，根据需求安全防护机制可以单独应用，也可以联合应用。近年来，随着物联网的蓬勃发展，物联网已经涉足到人们生活的许多方面，由此也引发了物联网的系列安全问题。面对层出不穷的安全问题，以往的安全防护手段可能无法满足网络技术的发展，也亟须变革和创新。需要专业人士，结合新事物、新问题，共同探索，不断努力，解决日益严峻的物联网安全问题。

第五章 RFID 物联网的标准体系

随着物联网全球化的迅速发展和国际射频识别竞争的日趋激烈，物联网 RFID 标准体系已经成为企业和国家参与国际竞争的重要手段。如果说一个专利影响的仅仅是一个企业，那么一个技术标准则会影响一个产业，一个标准体系甚至会影响一个国家的竞争力。物联网 RFID 标准体系的应用和推广，将成为世界贸易发展和经济全球化的重要推动力量。

标准体系的实质就是知识产权，是打包出售知识产权的高级方式。物联网 RFID 标准体系包含大量的技术专利，RFID 标准之争实质上就是物品信息控制权之争，关系着国家安全、RFID 战略实施和 RFID 产业发展的根本利益。

目前还没有全球统一的 RFID 标准体系，各个厂家现存的多种 RFID 产品互不兼容，物联网 RFID 处于多个标准体系共存的阶段。现在全球主要存在 ISO/IEC、EPC 和 UID3 个 RFID 标准体系，多个标准体系之间的竞争十分激烈，同时多个标准体系共存也促进了技术和产业的快速发展。我国拥有庞大的市场和良好的技术积累，应加快制定 RFID 标准体系，以推动我国 RFID 产业的全面发展。

第一节 标准简介

标准是对重复性事物和概念所做的统一规定，它以科学、技术和实践经验的综合成果为基础，经有关方面协商一致，由主管机构批准，以特定形式发布，作为共同遵守的准则和依据。

一、标准的意义、本质与作用

标准提供共同遵守的工作语言，是对重复性技术事项在一定范围内所作的统一规定，是社会生产与商品流通共同遵守的准则和依据。

（一）标准的意义

标准的出发点是获得最佳次序和促进最佳共同利益，最佳次序是指标准化对象的有序化程度达到最佳状态，最佳共同利益是指有关各方共同获得利益。标准的制定是以最新的科学技术和实践成果为基础，它为技术的进一步发展创建一个稳固平台。

但是标准是由参与标准制定的各方代表制定出来的，标准实际上更多地体现了参与者的利益。美国、日本等国积极参与 ISO、ITU 等国际标准的制定，尽可能地把自己国家的知识产权纳入标准中，为自己国家的企业争取最大的利益，以确保获得技术垄断。

由于技术方案可能有多套，而技术标准很可能只选择其中的一套，拥有标准制定权的国家或企业就会选择有利于自己的技术方案。发达国家由于技术积累雄厚、国际标准化经验丰富，利用标准的科学性巧妙地将自己的知识产权塞进技术标准，进而实现自己利益的最大化。在射频识别 ISO/IEC、EPC 和 UID 等标准的制定中，就包含了参与者的大量专利，因此拥有标准制定的主导权，就等于掌握了产业发展的主动权。

物联网 RFID 在全球正逐步普及，我国政府及相关企业应积极参与 RFID 国际标准的制定工作，并形成我国的物联网 RFID 标准体系，最大限度地确保自己国家的利益。

（二）标准的本质

标准的对象是重复性的事物，重复性是指同一事物反复多次出现的性质。标准的重复性要求标准要稳定和兼容，以保证信息流被不同的计算机所理解。RFID 国际标准针对的是全球范围内重复出现的对象，而 RFID 国家标准针对的是全国范围内重复出现的对象。

标准是对社会生活和经济技术活动的统一规定，是标准相关方利益的体现。作为一种公共资源，标准必须能够代表各方的利益，必须经过社会公认的权威机构批准。标准的统一特性赋予了标准具有强大的推广能力，但标准的统一性并不意味着全球只需要一种 RFID 标准，实际上全球有多种 RFID 标准，其中 ISO/IEC、EPC 和 UID 是 3 种主要 RFID 标准，它们有各自的特征，相互竞争，共同促进 RFID 技术的发展。

全球多种 RFID 标准不一定符合我国应用的需求，也就是说标准的重复性是相对的，主要由标准使用者关心的范围而定。ISO/IEC、EPC 和 UID 3 种标准最后是否能够成为我国产业标准，将由我国市场和政府共同决定，国际上多种标准的竞争有利于降低我国物联网 RFID 标准的使用成本。

（三）标准的作用

制定标准是各国经济建设不可缺少的基础工作，它可以促进贸易发展、提高产业竞争力、规范市场次序、推动技术进步。但标准也能带来行业垄断，也会出现负面作用。

1. 促进作用

通过对 RFID 产业标准化，可以使不同企业生产的产品互相兼容，促进全球产业分工，促进国际贸易发展，促进科技进步，促进新技术普及。标准的建立可以提高技术的可信度，符合标准的产品可以有很好的兼容性，减少了用户的技术风险。

2. 协调作用

所谓标准的协调，是指在同一领域中不同标准的技术相同，不同的标准之间彼此相互认同。世界上各个地区、各个国家、各个企业联盟颁布的各类标准浩如烟海，而国际标准的数量显得不足。标准化的一个重要职能就是通过协调标准，取代那些杂乱无章的标准，减少各国之间的贸易壁垒，为贸易自由化铺平道路。

3. 优化作用

标准化的过程实际上就是一个技术优化的过程。单个标准技术不一定是最高水平，但所有标准技术整合起来形成的标准体系将是最优水平。在标准的制定和使用中，如果不可避免涉及专利技术，也应当对专利人给予适当的限制，这样不仅会使专利人在标准使用中受益，同时也会使其他企业乃至整个社会均能受益。

4. 限制与垄断

标准可以用来限制竞争对手。从事联合开发的行业寡头通过推出行业标准来控制竞争规则，这些标准中包含了大量的知识产权，导致其他企业要进入该行业标准，必须要支付高额的知识产权费用。

标准可以用来构筑技术贸易壁垒。在激烈的竞争中，各国利用标准的不同来保护本国的民族工业，或者利用提高标准技术水平的办法来阻止进口。凭借经常变化、复杂苛刻的技术标准进行贸易保护，正成为新的贸易保护主义的主要手段。

二、标准与知识产权

现在发达国家和跨国公司激烈争夺国际标准的制定权，极力将自己的专利融入标准中，以获得超额的经济利益。标准和知识产权从最初的相互排斥转变为现在的紧密结合，标准已成为知识产权的最高表现形式，可以借助标准的强大推动力成批高额出售知识产权。

（一）专利、标准与知识产权

标准在制定的过程中，涉及大量的专利技术，这就涉及专利技术的许可规则，涉及知识产权。专利有多种许可方式，有专利人在合理条件下提供的技术许可，也有专利人在免费条件下提供的技术许可。现在一项技术可能存在多项专利技术，要将该技术推向商业化，就必须获得多次专利授权，这种技术许可的做法目前已被 ISO/IEC、EPCglobal 和 UID 等许多 RFID 国际标准组织接受。

标准制定应与有关方协调一致，完全舍弃知识产权人合法利益的做法，只能会导致知识产权人的反对，最终影响标准本身的制定和实施。标准的制定必须以科学技术的综合成果为依据，在对新的科研成果进行总结吸收的基础上，从中选择最佳的解决方案。

知识产权是法律赋予的专有权，没有经过法定程序不能被剥夺，知识产权可以针对除专利人以外的所有人主张权利。多数标准化机构都是非政府组织，其民事主体上与知识产权人是平等的，标准化机构无权剥夺知识产权人的合法权利。

（二）知识产权在标准中的行使

标准的本质特征是"统一"，知识产权人行使权利的重要方式之一是许可授权，如果某项专利技术被纳入某技术标准之中，就扩展了该知识产权的许可范围。正因为这一点，EPCglobal 将自己的标准递交给国际标准化组织 ISO/IEC，将自己制定的标准成为国际化标准，借助 ISO/IEC 的强大推广能力，扩大了 EPC 标准中知识产权的许可范围。

标准化组织也意识到知识产权对标准制定的重要性，在标准的制定过程中，谨慎地对待专利问题。现在国际上最大的标准组织是国际标准化组织 ISO，ISO 的专利政策如下：①尽量避免涉及知识产权；②纳入标准的知识产权，必须是制定标准无法避免的技术因素；③标准化组织必须获得知识产权持有人免费或合理无歧视的许可声明后，才可以将知识产权纳入标准；④标准组织不介入具体的知识产权许可事务。

标准与知识产权结合，在理论上是一个多赢规则，一方面鼓励了技术创新，促进了技术发展，另一方面也促进了产业发展。但由于不同国家科技发展水平的差异，标准制定事实上对发达国家的大公司更加有利，它们拥有大多数的专利技术，在标准的制定过程总发挥着较大的作用，随着技术标准的建立和推广，领先企业的市场地位将得到进一步的巩固。

由于新技术研发周期缩短，出现了预设性标准、联盟性标准和事实性标准，对标准的制定提出了更高的要求，专利保护的"私利"与标准要求的"公共利益"的矛盾更加突出，成为各大企业集团博弈的核心，标准方案的竞争更加激烈。

第二节　ISO/IEC RFID 标准体系

国际标准化组织（International Organization for Standardization，ISO）和国际电工委员会（International Electrotechnical Commission，IEC）有密切的联系，ISO 和 IEC 作为一个整体，担负着制订全球国际标准的任务，是世界上历史最长、涉及领域最多的国际标准制定组织。

ISO/IEC 也负责制定 RFID 标准，是制定 RFID 标准最早的组织，大部分 RFID 标准都是由 ISO/IEC 制定的。ISO/IEC 早期制定的 RFID 标准，只是在行业或企业内部使用，并没有构筑物联网的背景。随着物联网概念的提出，两个后起之秀 EPCglobal 和 UID 相继提出了物联网 RFID 标准，于是 ISO/IEC 又制订了新的 RFID 标准。由于 ISO/IEC 历史悠久，有着天然的公信力，EPCglobal 和 UID 也希望将各自的 RFID 标准纳入 ISO/IEC 标准体系，现在 ISO/IEC 的 RFID 标准大量涵盖了 EPC 和 UID 的标准体系。目前 EPCglobal 专注于 860MHz~960MHz 频段，UID 专注于 2.45GHz 和 13.56MHz 频段，而 ISO/IEC 在射频识别的每个频段都发布了标准。

本节包含 ISO/IEC 概述、ISO/IEC 技术标准、ISO/IEC 数据结构、ISO/IEC 性能标准、ISO/IEC 应用标准和 ISO/IEC 18000-6 标准解析等内容。通过对这些内容的介绍，可以了解 ISO/IEC 国际标准组织的结构和作用，可以学习 ISO/IEC RFID 主要标准的内容和功能，并学会解析 ISO/IEC 18000-6 标准的物理接口、协议和命令。

一、ISO/IEC 概述

ISO 和 IEC 是 RFID 国际标准的主要制定机构，目前大部分 RFID 标准是 ISO/IEC 组织下属的技术委员会（TC）或分委员会（SC）制定的。ISO/IEC 在制定 RFID 国际标准的过程中，充分考虑了市场的需求，吸收了各国行业协会的意见，制定和发布的相关标准得到了广泛支持，已成为直接影响本行业技术和产品发展方向的重要的国际标准。

（一）ISO/IEC 组织简介

根据 1976 年 ISO 与 IEC 的新协议，这两个组织都是法律上独立的组织，IEC 负责有关电工和电子领域的国际标准化工作，其他领域则由 ISO 负责。随着 RFID 在全球的普及，ISO 与 IEC 协商决定，信息技术标准化工作（如 RFID 标准）由 ISO 和 IEC 共同负责制定。

国际标准化组织（ISO）的宗旨是在世界范围内促进国际标准的制定，协调世界范围内的标准化工作，组织各成员国和技术委员会进行情报交流，共同研究有关标准化的问题。根据该组织章程，每一个国家只能有一个最具有代表性的标准化团体作为其成员。

国际电工委员会（IEC）成立于 1906 年，至今已有 100 多年的历史，是世界上成立最早的国际性电工标准化机构，总部设在日内瓦。IEC 的宗旨是通过各成员国的共同工作，促进电气和电子工程领域中的标准化。IEC 出版了多种与国际标准相关的刊物，并希望各成员国在本国的标准化工作中使用这些标准。IEC 理事会是 IEC 的最高权力机构，每一个成员国都是理事会的成员，IEC 理事会由 IEC 官员和 15 位成员国代表组成，全面负责理事会会议议程和文件准备工作。IEC 标准的权威性是世界公认的，IEC 的工作领域已由单纯电气设备标准的研究，扩展到电子、通信、信息技术等各个方面，IEC 每年要在世界各地召开 100 多次国际会议，世界各国多名专家积极参与 IEC 标准的制定工作。

（二）ISO/IEC 的 RFID 标准体系架构

ISO/IEC 的 RFID 标准体系架构可以分为技术标准、数据结构标准、性能标准和应用标准 4 个方面。

二、ISO/IEC 技术标准

ISO/IEC 技术标准规定了 RFID 有关技术特征、技术参数和技术规范，主要包 ISO/IEC

18000（空中接口参数）、ISO/IEC 10536（密耦合、非接触集成电路卡）、ISO/IEC 15693（疏耦合、非接触集成电路卡）和 ISO/IEC 14443（近耦合、非接触集成电路卡）等。

（一）空中接口通信协议 ISO/IEC18000

ISO/IEC 18000 空中接口通信协议主要规定了基于物品管理的 RFID 空中接口参数，ISO/IEC 18000 包含了有源和无源 RFID 技术标准。ISO/IEC 18000 空中接口通信协议规范了读写器与电子标签之间信息的交互，目的是使不同厂家生产的设备可以互联互通。由于不同频段 RFID 标签在识读速度、识读距离和适用环境等方面存在较大差异，单一频段的标准不能满足各种应用的需求，所以 ISO/IEC 制定了多种频段的空中接口协议。

1. ISO/IEC 18000-1 标准

ISO/IEC 18000-1 规范了空中接口通信协议的基本内容，包括读写器与电子标签的通信参数和知识产权基本规则等，该内容适合多个频段，这样每一个频段对应的标准不需要对相同内容进行重复规定。

2. ISO/IEC 18000-2 标准

ISO/IEC 18000-2 适用于低频 125kHz~134kHz，规定了电子标签和读写器之间通信的理接口，规定了协议和指令以及多标签通信的防碰撞方法。读写器应具有与 Type A（FDX）和 Type B（HDX）标签通信能力。

3. ISO/IEC 18000-3 标准

ISO/IEC 18000-3 适用于高频段 13.56MHz，规定了读写器与标签之间的物理接口、协议、命令以及防碰撞方法。关于防碰撞协议可以分为两种模式，模式 1 分为基本型与两种扩展型协议（无时隙、无终止、多电子标签协议和时隙、终止、自适应轮询、多电子标签读取协议）；模式 2 采用时频复用 FTDMA 协议，共有 8 个信道，适用于标签数量较多的情形。

4. ISO/IEC 18000-4 标准

ISO/IEC 18000-4 适用于微波 2.45GHz，规定了读写器与电子标签之间的物理接口、协议、命令以及防碰撞方法。该标准包括两种模式，模式 1 是无源标签，工作方式为读写器先讲；模式 2 是有源标签，工作方式为电子标签先讲。

5. ISO/IEC 18000-6 标准

ISO/IEC 18000-6 适用于超高频频段 860 MHz~960MHz，规定了读写器与电子标签之间的物理接口、协议、命令以及防碰撞方法。ISO/IEC 18000-6 包含 Type A、Type B 和 Type C 3 种无源标签的接口协议，通信距离最远可以达到 10m。其中，Type C 是由 EPC-global 起草的，并于 2006 年 7 月获得批准，它在识别速度、读写速度、数据容量、防碰撞、信息安全、频段适应能力和抗干扰等方面有较大提高。

6. ISO/IEC 18000-7 标准

ISO/IEC 18000-7 适用于超高频 433.92MHz，属于有源电子标签。ISO/IEC 18000-7 规定了读写器与标签之间的物理接口、协议、命令以及防碰撞方法。有源标签识读范围大，适用于大型固定资产的跟踪。

（二）其他 ISO/IEC 技术标准

自 20 世纪 70 年代 IC 卡（集成电路卡）诞生以来，在飞速发展的微电子技术带动下，IC 卡已经深入社会生活的各个角落。IC 卡的发展经历了从存储卡到智能卡、从接触式卡到非接触式卡、从近距离识别到远距离识别的过程。非接触 RFID 卡由于无读卡磨损、寿命长和操作速度快，应用日趋广泛，现在就餐使用的食堂卡、公交车使用的交通卡和出入管理使用的考勤卡，都采用非接触 RFID 卡。这些 RFID 卡基本采 ISO/IEC 14443 定义的近耦合卡、ISO/IEC15693 定义的疏耦合卡或 ISO/IEC10536 定义的密耦合卡。

1. ISO/IEC 14443 标准

ISO/IEC 14443 是近耦合、非接触集成电路卡标准，最大的读取距离一般不超过为 10cm，是 ISO/IEC 早期制定的 RFID 标准，技术发展较早，相关标准也较为成熟。ISO/IEC 14443 标准采用 13.56MHz 频率，根据信号发送和接收方式的不同，ISO/IEC 14443-3 定义了 TYPE A 和 TYPE B 两种卡型，各地公交卡、校园卡主要基于 ISO/IEC 14443-A 标准，中国第二代居民身份证基于 ISO/IEC 14443-B 标准。

2. ISO/IEC 15693 标准

ISO/IEC 15693 是疏耦合、非接触集成电路卡标准，最大的读取距离一般不超过为 1m，也是 ISO/IEC 早期制定的 RFID 标准，技术发展较早，相关标准也较成熟。ISO/IEC 15693 使用的频率为 13.56MHz，设计简单让生产读写器的成本比 ISO14443 低，ISO/IEC 15693 标准可以应用于进出门禁控制和出勤考核等。

3. ISO/IEC 10536 标准

ISO/IEC 10536 是密耦合、非接触集成电路卡标准，最大的读取距离一般不超过为 1cm，使用的频率为 13.56MHz，也是 ISO/IEC 早期制定的 RFID 标准。

三、ISO/IEC 数据结构标准

数据结构标准主要规定了数据从电子标签、读写器到主机（也即中间件或应用程序）各个环节的表示形式。由于电子标签能力（存储能力和通信能力）的限制，各个环节的数据表示形式各不相同，必须充分考虑各自的特点，采取不同的表现形式。

（一）ISO/IEC 15961 标准

ISO/IEC 15961 标准规定了读写器与应用程序之间的接口，规定了应用命令与数据协议加工器交换数据的标准方式，这样应用程序可以完成对电子标签数据的读取、写入、修改、删除等操作功能。该协议也定义了错误响应消息。

（二）ISO/IEC 15962 标准

ISO/IEC 15962 规定了数据的编码、压缩、逻辑内存映射格式，以及如何将电子标签中的数据转化为应用程序有意义的方式。该协议提供了一套数据压缩的机制，这样就可以充利用电子标签中有限数据存储空间以及空中通信能力。

ISO/IEC 24753 扩展了 ISO/IEC 15962 数据处理能力，适用于具有辅助电源和传感器功能的电子标签。增加传感器以后，电子标签中存储的数据量以及对传感器的管理任务大大增加了，ISO/IEC 24753 规定了电池状态监视、传感器设置与复位、传感器处理等功能。

（三）ISO/IEC 15963 标准

ISO/IEC 15963 规定了电子标签唯一标识的编码标准，该标准兼容 ISO/IEC 7816-6、ISO/TS 14816、EAN/UCC 标准编码体系和 INCITS 256，并保留对未来扩展。

四、ISO/IEC 性能标准

性能标准是所有信息技术类标准中非常重要的部分，它包括设备性能测试方法和一致性测试方法。

（一）ISO/IEC 18046 标准

ISO/IEC 18046 是设备性能测试标准，射频识别设备性能测试方法的主要内容如下。

电子标签性能参数及其检测方法，包括标签检测参数、检测速度、标签形状、标签检测方向、单个标签检测和多个标签检测等。

读写器性能参数及其检测方法，包括读写器检测参数、识读范围检测、识读速率检测、读数据速率检测和写数据速率检测等。

在 ISO/IEC 18046 附件中，规定了测试条件，包括全电波暗室、半电波暗室以及开阔场 3 种测试场。该标准定义的测试方法形成了性能评估的基本架构，可以根据 RFID 系统应用的要求，扩展测试内容。应用标准或者应用系统测试规范可以引用 ISO/IEC 18046 性能测试方法，并在此基础上根据具体要求进行扩展。

（二）ISO/IEC 18047 标准

ISO/IEC 18047 对确定射频识别设备（电子标签和读写器）一致性的方法进行定义，也称为空中接口通信测试方法，它与 ISO/IEC 18000 系列标准相对应。一致性测试是确保各部分之间的相互作用达到系统的一致性要求，只有符合一致性要求，才能实现不同厂家生产的设备在同一个 RFID 网络内互连互通互操作。

五、ISO/IEC 应用标准

随着 RFID 应用越来越广泛，ISO/IEC 认识到需要针对不同应用领域所涉及的共同要求和属性，制定通用应用标准，而不是每一个应用标准完全独立制定。通用技术标准提供的是一个基本框架，而应用标准是对它的补充和具体规定，这样既保证了不同应用领域 RFID 技术具有互联互通与互操作性，又兼顾了应用领域的特点，能够很好地满足应用领域的具体要求。应用标准是在通用技术标准的基础上，根据各个行业自身的特点而制定的，它针对行业应用领域所涉及的共同要求和属性。

根据 RFID 在不同应用领域的不同特点，ISO/IEC 制定了相应的应用标准。主要涉及动物识别、集装箱运输、物流供应链、交通管理和项目管理等领域。

（一）动物识别应用标准

ISO TC 23/SC 19 委员会负责制订 RFID 动物识别应用标准，动物识别标准包括 ISO 11784、ISO 11785 和 ISO 14223 标准。

1. ISO 11784 标准

ISO 11784 规定了动物射频识别码的编码结构，编码结构为 64 位代码，其中 27 至 64 位可由各个国家自行定义。动物射频识别码要求读写器与电子标签之间能够互相识别。

2. ISO 11785 标准

ISO 11785 是技术准则，规定了电子标签的数据传输方法和读写器的技术参数要求。ISO 11785 工作频率为 134.2kHz，数据传输方式有全双工和半双工两种，读写器数据以差分双相代码表示，电子标签采用 FSK（频移键控）调制、NRZ（不归零码）编码。由于存在电子标签充电时间较长和工作频率的限制，该标准通信速率较低。

3. ISO 14223 标准

ISO 14223 规定了动物射频识别读写器和高级标签的空间接口标准，可以让动物数据直接存储在标签上，这表示通过简易、可验证、廉价的解决方案，每只动物的数据就可以在离线状态下直接取得，进而改善库存追踪以及提升全球的进出口控制能力。通过符合 ISO 14223 标准的读取设备，可以自动识别家畜，而它所具备的防碰撞算法和抗干扰特性，即使家畜的数量极为庞大，识别也没有问题。ISO 14223 标准包含空中接口、编码和命令结构、应用三个部分，它是 ISO 11784/11785 的扩展版本。

（二）集装箱运输应用标准

ISO TC 104 技术委员会是负责集装箱标准制定的最高权威机构，ISO TC 104 技术委员第四子委员会（SC4）负责制定与 RFID 相关的标准。集装箱应用标准的主要内容如下。

1. ISO 6346 标准

ISO 6346 是集装箱编码、ID 和标识符号标准，1995 年制定。该标准提供了集装箱标识系统，规定了集装箱尺寸、类型等参数的数据编码方式以及相应标记方法，同时规范了操作标记和集装箱标记的物理展示方法。

2. ISO 10374 标准

ISO 10374 是集装箱自动识别标准，1991 年制订，1995 年修订。该标准是基于微波电子标签的集装箱自动识别系统，RFID 标签为有源设备，工作频率在 850MHz～950Mhz 及 2.4GHz～2.5GHz 范围内，只要 RFID 标签处于读写器的有效识别范围内，标签就会被激活，并采用变形的 FSK 副载波通过反向散射调制做出应答，信号在两个副载波频率 40kHz 和 20kHz 之间被调制。

3. ISO 18185 标准

ISO 18185 是集装箱电子关封标准草案（陆、海、空），该标准被海关用于监控集装箱装卸状况，它包含 7 个部分，分别是空中接口通信协议、应用要求、环境特性、数据保护、传感器、信息交换和物理层特性。

（三）物流供应链应用标准

为了使 RFID 能在整个物流供应链领域发挥重要作用，ISO TC 122 包装技术委员会和 ISO TC 104 货运集装箱技术委员会成立了联合工作组 JWG，负责制定物流供应链的系列标准。工作组制定了 6 个应用标准，分别是应用要求、货运集装箱、装载单元、运输单元、产品包装单元和单品物流单元。

1. ISO 17358 标准

ISO 17358 是应用要求标准，该标准定义了物流供应链各个单元层次的参数，定义了环境标识和数据流程。

2. ISO 17363～ISO 17367 标准

ISO 17363～ISO 17367 是系列标准，供应链 RFID 物流单元系列标准分别对货运集装箱、可回收运输单元、运输单元、产品包装和产品标签的 RFID 应用进行了规范。该系列标准内容基本类同，针对不同的使用对象还做了补充规定，因而在具体规定上存在差异，如使用环境条件、标签的尺寸、标签张贴的位置等，根据对象的差异要求采用电子标签的载波频率也不同。这里需要注意的是 ISO 10374、ISO 18185 和 ISO 17363 标准之间的关系，它们都针对集装箱，但是 ISO 10374 是针对集装箱本身的管理，ISO 18185 是海关为了监视集装箱而制定的标准，ISO 17363 是针对供应链管理而在集装箱上使用可读写的 RFID 标识标签和货运标签标准。

六、ISO/IEC 其他标准

实时定位系统标准和软件系统基本架构标准也是目前 ISO/IEC 关于 RFID 的常用标准，下面对其进行简单介绍。

（一）实时定位系统

实时定位系统（Real-Time Location System，RTLS）是利用无线通信技术，在指定的空间范围内，即时的或者接近即时的将特定目标定位的系统。RTLS 是应用于单品管理中小范围定位的空中接口标准，可以实现物品位置的全程跟踪与监视，可以解决短距离尤其是室内物体的定位，可以弥补 GPS 等定位系统只能适用于室外大范围的不足，一般用于物流供应链、配送中心和工业环节等领域的物品追踪管理，近年亦有针对人员的追踪。实时定位系统的标准如下。

1. ISO/IEC 24730-1 标准

ISO/IEC 24730-1 适用于应用编程接口 API，它规范了 RTLS 服务的功能以及访问方法，目的是使应用程序可以方便地访问 RTLS 系统，它独立于 RTLS 的低层空中接口协议。

2. ISO/IEC 24730-2 标准

ISO/IEC 24730-2 是适用于 2.45GHz 的 RTLS 空中接口协议，它规范了一个网络定位系统，该系统可以远程实时配置发射机的参数，接收机可以根据收到的几个 RTLS 信标信号解算位置。

3. ISO/IEC 24730-3 标准

ISO/IEC 24730-3 是适用于 433MHz 的 RTLS 空中接口协议，其内容与 ISO/IEC 24730-2 类似，也规范了一个网络定位系统。

（二）软件系统基本架构

2006 年，ISO/IEC 将 RFID 应用系统的标准 ISO/IEC 24752 调整为 6 个部分，并重新命名为 ISO/IEC 24791。ISO/IEC 24791 是软件系统基本架构，制定该标准的目的是对 RFID 应用系统提供一种框架，规范数据安全和多种接口，便于 RFID 系统之间的信息共享，使应用程序不再关心多种设备和不同类型设备之间的差异，便于应用程序的设计和开发。

ISO/IEC 24791 标准能够支持设备的分布式协调控制和集中管理，具有优化密集读写器组网的性能。ISO/IEC 24791 标准的具体内容如下。

1. ISO/IEC 24791-1 标准

ISO/IEC 24791-1 标准规定了体系架构，给出了软件体系的总体框架和各部分标准的基本定义。它将体系架构分成三大类，分别为数据平面、控制平面和管理平面，3 个平面的划分可以使软件架构体系的描述得以简化。其中，数据平面侧重于数据的传输与处理，控制平面侧重于对读写器空中接口协议参数的配置，管理平面侧重于运行状态的监视和设备管理。

2. ISO/IEC 24791-2 标准

ISO/IEC 24791-2 位于数据平面，是数据管理标准，主要功能包括读、写、采集、过滤、分组、事件通告、事件订阅等。另外 ISO/IEC 24791-2 支持 ISO/IEC 15962 标准提供的接口，也支持其他标准的标签数据格式。

3. ISO/IEC 24791-3 标准

ISO/IEC 24791-3 位于管理平面，是设备管理标准，类似于 EPC 系统的读写器管理协议，能够支持设备运行参数设置、读写器运行性能监视和故障诊断。参数设置包括初始化运行参数、动态改变的运行参数以及软件升级等。性能监视包括历史运行数据的收集和统计等功能。故障诊断包括故障的检测和诊断等功能。

4. ISO/IEC 24791-4 标准

ISO/IEC 24791-4 是应用接口标准，位于最高层，提供读、写功能的调用格式，并提供交互流程。

5. ISO/IEC 24791-5 标准

ISO/IEC 24791-5 位于控制平面，是设备接口标准，类似于 EPC 的 LLRP 低层读写器协议，它为控制和协调读写器的空中接口协议提供通用接口规范，它与空中接口协议相关。

6. ISO/IEC 24791-6 标准

ISO/IEC 24791-6 是数据安全标准。

七、ISO/IEC 18000-6 标准分析

在目前已有的 RFID 技术标准中，ISO/IEC 18000-6 是最受关注的一个标准系列，本小节将对 ISO/IEC 18000-6 标准进行分析和讨论。

ISO/IEC 18000-6 标准规定了频率为 860 MHz～960 MHz 的射频识别系统的空中接口协

议，该系列标准分为类型 A 和类型 B。2005 年 6 月，ISO/IEC 在新加坡会议上确定将 EPC Class1 Gen2 标准做适当的修改，列为 ISO/IEC18000-6 的类型 C，这样 UHF 频段 ISO/IEC 18000-6 系列标准包括了 ISO/IEC 18000-6A、ISO/IEC 18000-6B 和 ISO/IEC 18000-6C 3 种类型。下面将对 ISO/IEC 18000 标准的物理接口、协议和命令分别进行介绍。

（一）物理接口

标准 ISO/IEC 18000-6 规定，读写器需要同时支持 Type A 和 Type B 两种类型，而且能够在这两种类型之间进行切换；电子标签则需要支持至少一种类型。

1. Type A 协议的物理接口

Type A 协议是一种基于"读写器先发言"的通信机制，是读写器的命令与电子标签的回答交替发送的机制。Type A 协议将整个通信过程的数据信号定义为 4 种，即 0、1、帧开始（SOF）和帧结束（EOF）。

通信中数据信号的编码和调制方法定义如下。

（1）读写器到电子标签之间的数据传输

读写器发送的数据采用载波振幅调制（ASK），调制深度是 30%（误差不超过 3%）。数据编码采用脉冲宽度编码（PIF），即通过定义下降沿之间的不同宽度来表示不同的数据信号。

（2）电子标签到读写器之间的数据传输

电子标签通过反向散射给读写器传输信息，数据速率是 40kbit/s。数据采用 FM0 编码（双相间隔编码 Bi-phase space），它在一个位窗内采用电平变化来表示逻辑。如果电平从位窗的起始处翻转，表示逻辑"1"；如果电平除了在位窗的起始处翻转，还在位窗的中间翻转，则表示逻辑"0"。

2. Type B 协议的物理接口

Type B 也是基于"读写器"先发言的传输机制，是读写器的命令与电子标签的回答相互交换的机制。

（1）读写器到电子标签之间的数据传输

采用 ASK 调制，调制深度是 11% 或 99%，位速率规定为 10 kbit/s 或 40 kbit/s，采用曼彻斯特（Manchester）编码。具体来说就是一种 on-off key 格式，射频场存在代表"1"，射频场不存在代表"0"。Manchester 编码是在一个位窗内采用电平变化来表示逻辑"1"（下降沿）和逻辑"0"（上升沿）的。

（2）电子标签到读写器之间的数据传输

与 Type A 一样采用 FM0 编码，通过调制入射并反向散射给读写器传输信息。数据速率是 40 kbit/s。

（二）协议和命令

1. Type A 的协议和命令

Type A 的协议和命令包括命令格式、数据和参数、存储器寻址和通信中的时序规定。

（1）命令格式

开始的静默（Quiet）是一段次序时间至少 300μs 的无调制载波；SOF 是帧开始标志；在发送完 EOF 结束标志之后，读写器必须继续维持一段时间的稳定载波，来提供电子标签回答的能量；命令中的 RFU 位作为协议的扩展；命令码的长度是 6bit；命令标志的长度是 4bit；使用 CRC-16 编码或者 CRC-5 编码取决于命令的位数，可在不同长度的命令中分别采取不同位数的 CRC 编码（循环冗余编码）。

（2）数据和参数

在 Type A 协议的通信中可能用到以下的数据内容和参数信号。

①命令标志段

命令标志段是一个 4bit 的数据标志，用来规定电子标签各数据段的有效性。其中，1bit 的标志用来定义命令是否在下面的防碰撞过程中使用，其他 3bit 标志根据具体的情况有不同的定义。

②数据段

数据段中定义了电子标签的识别码和数据结构，另外为了加快识别过程，还定义了一个较短的识别码。

（3）存储器寻址

Type A 的寻址最多可达 256 个 block，每个 block 最多可达 256bit 的容量。所以，整个电子标签的容量最多可达 64 kbit。

（4）通信中的一些时序规定

电子标签应该在无线电或电源不足的情况下保持它的状态至少 300μs，特别是当电子标签处于静默状态时，电子标签必须保持状态至少 2s，以便可以用复位（Reset to ready）命令退出该状态。

电子标签从读写器收到一个帧结束（EOF）后，需要等待从帧结束（EOF）的下降沿开始的一段时间后开始回发，等待的时间根据时隙延迟标志确定，一般在 150μs 以上。

读写器对于一个特定电子标签的回答必须在一个特定的时间窗口里发送，这个时间从电子标签最后一个传输位结束后的第 2 和第 3 位时的边界开始，持续时间为电子标签发送数据比特时间的 2.75 倍。

电子标签在发送命令前至少 3bit 位时内不得停止发送未调制载波。读写器在电子标签最后一个传输位结束后的第 4 个位时内，发送命令帧的第一个下降沿。

2. Type B 的协议和命令

Type B 与 Type A 一样，协议和命令包括命令格式、数据和参数、存储器寻址和通信中的时序规定。

（1）命令格式

帧头探测段是一个持续 400μs 的稳定无调制载波（相当于 16 位数据传输）。

帧头是 9 位 manchester（曼彻斯特）编码的逻辑"0"；分隔符用来区别帧头和有效数据，共定义了 5 种，经常采用的是第一种 5 位的分隔符（11 00 11 10 10）；

命令和参数段未作明确定义；CRC 编码采用 16 位的数字编码；静默是电子标签持续 2 字节的无反向散射（在 40kbit/s 的速率下相当于 400μs 的持续时间）；

返回帧头是一个 16 位数据"00 00 01 01 01 01 01 01 01 01 00 01 10 11 00 01"；

CRC 采用 16 位的数据编码。

（2）数据和参数

在 Type B 协议的通信中可能用到以下的数据内容和参数信号。

电子标签有一个唯一独立的 UID 号，它包含一个 8 位的标志段，低 4 位分别代表 4 个标志，高 4 位是保留位（RFU），通常为"0"。

（3）存储器寻址

电子标签通过一个 8 位的地址区来寻址，因此它可以寻址 256 个存储器块（block），每个 block 包含 1 字节数据，整个存储器最多可以保存 2k 比特的数据。

存储器的 0~17 块被保留用作存储系统信息。18 块以上的存储器用作电子标签中普通的应用数据存储区。

每个数据字节包含响应的锁定位，可以通过 Lock 命令将锁定位锁定，也可以通过 Query_lock（查询锁定）命令读取该锁定位的状态。电子标签的锁定位不允许被复位。

（4）通信中的一些时序规定

在电子标签向存储器写操作的等待阶段，读写器需要向电子标签提供至少 15μs 的稳定无调制载波。在写操作结束后，读写器需要发送 10 个"01"信号。同时在读写器的命令之间发生频率跳变，或者在读写器的命令和电子标签的回答之间发生跳变，在跳变结束后也需要读写器发送 10 个"01"信号。

电子标签将使用反向调制技术回发数据给读写器，这就需要在整个回发过程中读写器必须向电子标签提供稳定的能量，同时检测电子标签的回答。

在电子标签发送完回答后，至少需要等待 400μs 才能再次接收读写器的命令。

第三节　EPC global RFID 标准体系

EPC global 是以美国和欧洲为首，由美国统一编码委员会和国际物品编码协会 UCC/

EAN 联合发起的非盈利机构，它属于联盟性的标准化组织，该组织除了发布工业标准外，还负责 EPC 系统的号码注册管理。EPC 码可以涵盖全球有形和无形产品，并伴随产品流通的全过程。全球最大的零售商沃尔玛集团、英国最大的零售商 Tesco 集团以及其他 100 多家欧美流通业巨头都是 EPC global 的成员，美国 IBM 公司、微软公司和 Auto-ID 实验室为 EPC global 提供技术支持。EPC global 在 RFID 标准体系制定的速度、深度和广度方面都非常出色，已经受到全球的关注。

一、EPC 系统的特点

EPC global 是物联网的倡导者，新标准的开发速度非常快，在物联网 RFID 的标准制定上处于全球第一的位置。EPC 系统是一个全球化的 RFID 大系统，在标准的开发过程中具有严格的规范，开发的标准具有很高的质量。EPC global 严格规范了各部门的职责及标准开发的业务流程，对递交的标准草案进行多方审核，确保制定的标准具有很强的竞争力。EPC 系统的主要特点如下：①倡导物联网，以建立全球物品信息实时共享的物联网为最终目标；②全球化的标准，该标准框架可以适用于任何地方；③开放的系统，所有的接口都按开放的标准来实现；④独立的平台，该标准框架可以在不同的软、硬件平台上实现；⑤可扩展性，该标准框架可以针对用户的需求进行相应的配置；⑥安全性，该标准框架可以全方位地提升企业的操作安全；⑦保密性，该标准框架可以为企业和个人提供数据的保密。

二、EPC 系统的体系框架

EPC 系统的体系框架包括标准体系框架和用户体系框架。EPC global 的目标是形成物联网完整的标准体系，同时将全球用户纳入到这个体系中来。

（一）EPC global 的标准体系框架

在 EPC global 标准组织中，体系框架委员会（ARC）的职能是制定 RFID 标准体系框架，协调各个 RFID 标准之间的关系，使它们符合 RFID 标准体系框架的要求。体系架构委员会对于制定复杂的信息技术标准是非常重要的，EPC global 标准体系框架主要包含 EPC 物理对象交换标准、EPC 基础设施标准和 EPC 数据交换标准 3 种内容。

1. EPC 物理对象交换标准

在 EPC 系统的网络中，物理对象是商品，用户是该商品供应链中的成员。EPC 系统的标准体系框架定义了 EPC 物理对象交换标准，从而保证了当用户将一种物理对象交给另一个用户时，后者能够根据该物理对象的 EPC 码，方便地获得相应的物品信息。

2. EPC 基础设施标准

为实现 EPC 数据共享，每个新生成的物理对象都要进行 EPC 编码，通过监视物理对象携带的 EPC 码对其进行跟踪，并将收集到的信息记录到 EPC 网络中的基础设施内。EPC 系统的标准体系框架定义了用来收集和记录数据的主要设施部件接口标准，并允许用户使用互操作部件来构建其内部系统。

3. EPC 数据交换标准

用户通过相互交换数据，可提高物品在供应链中的可见性。EPC 系统的标准体系框架定义了 EPC 系统的数据标准，为用户提供了一种点对点共享 EPC 数据的方法，并给用户提供了访问 EPC 系统核心业务和其他共享业务的机会。

（二）EPC global 的用户体系框架

在 EPC 的应用系统中，多个用户之间 RFID 体系框架，单个用户内部 RFID 体系框架，它们表达了实体要素之间的关系。在模型图中，实线框代表实体单元，它可以是电子标签和读写器等硬件设备，也可以是应用软件、管理软件和中间件等各种软件；虚线框代表接口单元。用户体系框架模型清晰地表达了实体要素之间的交互关系，"实体"是制定应用标准和通用产品标准的对象，实体要素之间通过接口实现信息交互。"接口"是制定通用标准的对象，因为接口统一后，只要实体单元符合接口标准，就可以实现互联互通，这样厂家可以根据自己技术和应用的特点来实现"实体"。

一个用户系统可能包含很多 RFID 读写器和应用终端，还可能包括一个分布式网络，为确保不同厂家设备之间的兼容，它不仅需要考虑主机与读写器、读写器与电子标签之间的交互，还需要考虑读写器性能控制与管理、读写器设备管理、核心系统与其他用户之间的交互。

EPC 系统的用户体系框架中实体单元的主要功能如下：①电子标签：可存储 EPC 码，也可以存储其他数据。电子标签可以是有源标签，也可以是无源标签，能够支持读写器的识别、读数据和写数据等操作；②读写器：能从一个或多个电子标签中读取数据，并将这些数据传送给主机；③读写器管理：监控一台或多台读写器的运行状态，管理一台或多台读写器的配置；④中间件：从一台或多台读写器接收标签数据和处理数据，并传送给后台；⑤EPCIS 信息服务：EPCIS 信息服务具有高度复杂的数据存储和处理过程，支持多种查询方式，为访问和持久保存 EPC 相关数据提供一个标准接口，已授权的贸易伙伴可以通过它来读取 EPC 相关数据；⑥ONS 根：为 ONS 查询提供查询初始点，并授权本地 ONS 执行 ONS 查找功能；⑦编码分配管理：通过维护 EPC 管理者编号的全球唯一性，来确保 EPC 码的唯一性等；⑧标签数据转换：提供一个可在 EPC 码之间的转换文件，它可以使终端用户的基础设施部件自动知道新 EPC 格式；⑨用户认证：验证 EPC 的用户身份等。

三、EPC 的体系框架标准

EPC 的体系框架标准与 EPC 物理对象交换、EPC 基础设施和 EPC 数据交换 3 种活动密切相关，其在不同频率、不同版本或不同类型的情况下，对不同 EPC 体系框架中所有的部件进行规范。下面对 EPC 的体系框架标准加以介绍。

（一）900MHz Class0 射频识别标签规范

本规范定义了 900MHz Class0 所采用的通信协议和通信接口，它指明了该频段的射频通信要求和标签要求，并给出了该频段通信所需的基本算法。

（二）13.56MHz Class1 射频标签接口规范

本规范定义了 13.56MHz Class1 所采用的通信协议和通信接口，它指明了该频段的射频通信要求和标签要求，并给出了该频段通信所需的基本算法。

（三）869 MHz~930MHz Class1 射频识别标签和逻辑通信接口规范

本规范定义了 869 MHz~930MHz Class1 所采用的通信协议和通信接口，它指明了该频段的射频通信要求和标签要求，并给出了该频段通信所需的基本算法。

（四）Class1 Gen2 超高频 RFID 一致性要求规范

本规范给出了 EPC 系统在 860 MHz~960MHz 的 Class1 Gen2 超高频 RFID 协议，包括读写器和电子标签之间在物理交互上的协同要求，以及读写器和电子标签在操作流程与命令上的协同要求。

（五）EPC 体系框架

本节件定义和描述了 EPC 体系框架。EPC 体系框架是由硬件、软件、数据接口以及 EPC 核心业务组成，它代表了通过 EPC 码提升供应链效率的所有业务。

（六）EPC 标签数据标准

这项由 EPC global 管理委员会通过的标准，给出了 EPC 标签的系列编码方案。

（七）Class1 Gen2 超高频空中接口协议标准

该标准是 EPC 系统应用最多的标准，其定义了在 860 MHz~930MHz 频段内被动式反向散射、读写器先激励工作方式 RFID 系统的物理和逻辑要求。Class1 Gen2 空中协议标准具有以下几个特点：①开放的标准，符合全球各国超高频段的规范，不同销售商的设备具有良好的兼容性；②可靠性强，标签具有高识别率，在较远距离测试具有将近 100% 的识别；③芯片将缩小到现有版本的 1/2 到 1/3，Gen2 标签在芯片中有 96 字节的存储空间，具有特定的口令、更大的存储能力以及更好的安全性能，可以有效地防止芯片被非法读取，能够迅速地适应变化无常的标签群；④可在密集的读写器环境里工作；⑤标签的隔离速度高，隔离率在北美可达每秒 1500 个标签，在欧洲可达每秒 600 个标签；⑥安全性和保密性强，协议允许使用两个 32bit 的密码，一个用来控制标签的读写权，另一个用来控制标签的禁用/销毁权，并且读写器与标签的单向通信也采用加密；⑦实时性好，容许标签延时后进入识读区仍能被读取，这是 Gen1 所不能达到的；⑧抗干扰性强，更广泛的频谱与射频分布提高了 UHF 的频率调制性能，可以减少与其他无线电设备的干扰；⑨标签内存采用可延伸性的存储空间，原则上用户可有无限的内存；⑩识读速率大大提高，Gen2 标签的识读速率是现有标签的 10 倍，这使得通过使用 RFID 标签可实现高速自动化作业。

（八）应用水平事件规范。

该标准定义了某种接口的参数与功能，通过该接口，用户可以获取过滤后的和整理过的电子产品代码数据。

（九）对象名解析业务规范。

本规范指明了域名服务系统如何用来定位与确定电子产品码部分相关的权威数据和业务，其目标群体是对象名称解析业务系统的开发者和应用者。

四、EPC 编码体系

EPC 编码体系是 EPC 系统的重要组成部分，它是对实体及实体的相关信息进行代码化，通过统一的、规范的编码来建立全球通用的信息交换语言。EPC 的目标是为物理世界的对象提供唯一的标识，达到通过计算机网络来标识和访问单个物体的目标，就如在互联网中使用 IP 地址来标识和通信一样。

（一）EPC 的编码规则

EPC 编码是与 EAN/UCC 编码兼容的新一代编码标准。EPC 码并不是取代现行的条码标准，而是由现行的条码标准逐步过渡到 EPC 标准。EPC 码的主要特点如下。

1. 唯一性

与当前广泛使用的 EAN/UCC 条码不同的是，EPC 码提供对物理对象的唯一标识。为确保实现物理对象的唯一标识，EPC global 采取了如下措施。

足够的编码容量。EPC 码冗余度如表 14.3 所示，从世界人口总数（大约 60 亿）到大米总粒数（粗略估计 1016 粒），EPC 码有足够大的空间来标识所有这些对象。

组织保证。为保证 EPC 码的唯一性，EPC global 通过全球各国编码组织来分配本国的 EPC 码，并建立相应的管理制度。

使用周期。对一般的实体对象，使用周期和实体对象的生命周期一致。对特殊的产品，EPC 码的使用周期是永久的。

2. 永久性

产品代码一经分配，就不再更改，并且是终身的。当此产品不再生产时，其对应的产品代码只能搁置起来，不得重复使用或分配给其他的商品。

3. 简单性

EPC 码简单，同时又提供实体对象唯一标识。以往的编码方案，很少能被全球各国和各行业广泛采用，原因之一是编码复杂导致不适用。

4. 可扩展性

EPC 码留有备用的空间，具有可扩展性，从而确保了 EPC 系统的升级和可持续发展。

5. 保密性和安全性

由于采用了安全和加密相结合的技术，EPC 码具有高度的保密性和安全性。保密性和安全性是配置高效网络的首要问题，传输和存储的安全是 EPC 能被广泛采用的基础。

6. 无含义

为保证代码有足够的容量以适应产品频繁更新换代的需要，最好采用无含义的顺序码。

（二）EPC 的编码结构

EPC 码是由一个版本号加上另外三段数据（依次为域名管理、对象分类、序列号）组成的一组数字，如表 14.4 所示。其中版本号用来标识 EPC 码的版本次序，它使得 EPC 码随后的码段可以有不同的长度；域名管理是描述与 EPC 码相关的生产厂商的信息，例如可口可乐公司；对象分类记录了产品类型的精确信息，例如美国可口可乐公司生产的 330ml 罐装减肥可乐；序列号标识唯一货品，它会精确地指明 EPC 码标识的是哪一罐 330ml 罐装减肥可乐。

EPC 码具有以下特点：

（1）科学性。结构明确，易于使用、维护。

（2）兼容性。兼容了其他贸易流通过程的标识代码。

（3）全面性。可在贸易结算、单品跟踪等各个环节全面应用。

（4）合理性。EPC 码由各国 EPC 管理机构分段管理、共同维护、统一应用，具有合理性。

（5）国际性。不以具体国家、企业为核心、编码标准由全球协商一致，具有国际性。

（6）无歧视性。编码采用全数字形式，不受地方色彩、语言、经济水平和政治观点的限制，是无歧视性的编码。

（三）EPC 的编码类型

目前，EPC 码有 64 位、96 位和 256 位 3 种。若采用 96 位代码，EPC 码可为 2.68 亿个公司提供唯一标识，每个生产商可以有 1 600 万个对象种类，每个对象种类可以有 680 亿个序列号，这对未来世界所有产品已经足够用了。

鉴于当前用不了那么多序列号，企业通常采用 64 位 EPC 码。随着 EPC-64 和 EPC-96 版本的不断发展，EPC 码作为一种世界通用标识方案将不够长期使用，因而出现了 EPC-256 位的编码。至今已推出 EPC-64I 型、EPC-64II 型、EPC-64III 型、EPC-96I 型、EPC-256I 型、EPC-256II 型和 EPC-256III 型等编码方案。

1. EPC-64 码

目前研制出了 3 种 64 位 EPC 码。

（1）EPC-64I 型

EPC-64I 型编码提供 2 位的版本号编码、21 位的管理者编码、17 位的库存单元和 24 位序列号。对象种类分区可容纳 131072 个库存单元，可满足全球绝大多数公司的需求，24 位序列号可以为 1678 万件产品提供空间。

（2）EPC-64II 型

EPC-64II 型适合众多产品以及对价格反应敏感的消费品生产者。34 位序列号与 13 位对象分类区结合，可以为超过 140 万亿不同的单品编号，这远远超过了世界上最大消费品生产商的生产能力。

（3）EPC-64III 型

为了推动 EPC 系统的应用过程，除了通过扩展单品编码的数量外，也可以通过增加应用公司的数量来满足要求。EPC-64III 型通过把管理者分区增加到 26 位，可以使多达 67108864 个公司采用 64 位 EPC 码，67108864 个号码已超出了世界公司的总数。采用 13 位对象分类分区，这样可以为 8192 种不同种类的物品提供空间。序列号分区采用 23 位编码，可以为超过 800 万商品提供空间。因此，对于这 6700 万个公司，每个公司允许超过 680 亿的不同产品采用此方案进行编码。

2. EPC-96 码

EPC-96 型设计目的是使 EPC 码成为全球物品唯一的标识代码。域名管理负责维护对象分类代码和序列号。域名管理必须保证对 ONS 可靠地操作，并负责维护和公布相关的信息。域名管理的区域占 28 个数据位，能够容纳大约 2.68 亿家制造商。

对象分类区域在 EPC-96 代码中占 24 位。这个区域能容纳当前所有的 UPC 库存单元的编码。EPC-96 序列号对所有的同类对象提供 36 位的唯一标识号，其容量超过 680 亿，超出了当前所有已标识产品的总数量。

3. EPC-256 码

EPC-96 和 EPC-64 是作为物理实体标识符的短期使用而设计的。作为一种世界通用的标识方案，EPC-96 和 EPC-64 版本的不断发展使得 EPC 码不足以长期使用，容量更大的 EPC-256 码就是在这样的背景下应运而生。

EPC-256 是为满足未来使用 EPC 码的应用需求而设计的。由于未来应用的具体要求目前无法准确获知，因而 EPC-256 版本必须具备可扩展性，多个版本的 EPC-256 编码就提供了这种可扩展性。当前，由于成本因素的考虑，参与 EPC 测试所使用的编码标准大多采用 EPC-64 的数据结构，未来将采用 EPC-96 或 EPC-256 数据结构。

五、EPC 标签分类

EPC 标签是物品信息的载体，主要由天线和芯片组成。为了降低成本，EPC 标签通常是被动式射频标签，根据其功能和级别的不同，EPC 标签可以分为 5 类，其中 EPC 测试使用的是 Class1 Gen2 标签。

（一）Class0 EPC 标签

该标签能满足物流、供应链管理需要。比如，超市结账付款、超市货架扫描、集装箱货物识别、货物运输通道以及仓库管理等可以采用 Class0 EPC 标签。Class0 EPC 标签包括 EPC 代码、24 位自毁代码以及 CRC 代码，具有可以被读写器读取，可以被重叠读取，可以自毁等功能。但存储器数据不可以由读写器直接写入。

（二）Class1 EPC 标签

该标签具有自毁功能，能够使标签永久失效。此外，该标签具有可选的用户内存，在访问控制中具有可选的密码保护。

（三）Class2 EPC 标签

该标签是一种无源的、向后散射式标签，它除了具有 Class1 EPC 标签的所有特性外，还具有扩展的标签识别符、扩展的用户内存和选择性识读功能。Class2 EPC 标签在访问控制中加入了身份认证机制，并可以定义其他附加功能。

（四）Class3 EPC 标签

该标签是一种半有源、反向散射式标签，它除了具备 Class2 EPC 标签的所有功能外，还具有完整的电源系统和综合的传感电路，其中芯片上的电源使标签芯片具有部分逻辑功能。

（五）Class4 EPC 标签

该标签是一种有源的、主动式标签，它除了具备 Class3 EPC 标签的所有特征外，还具有标签到标签的通信功能、主动式通信功能和特别组网功能。

六、EPC 系统

EPC 系统是先进的、综合性的复杂系统，其最终目标是组建物联网，为每一单品建立全球的、开放的标识标准。EPC 系统由 EPC 编码体系、射频识别系统及信息网络系统三部分组成。

（一）EPC 编码标准

EPC 编码体系是新一代的与 GTIN（全球贸易项目代码）兼容的编码体系，它是全球统一标识系统的延伸和拓展，是全球统一标识系统的重要组成部分，是 EPC 系统的核心。

EPC 码由标头、厂商识别代码、对象分类代码和序列号组成。

（二）EPC 射频识别系统

EPC 射频识别系统是实现 EPC 码自动采集的功能模块，主要是由射频标签和射频读写器组成。射频标签是 EPC 码的物理载体，附着于可跟踪的物品上，可在全球流通，并可对其进行识别和读写。射频读写器与信息系统相连，它可以读取标签中的 EPC 码，并将其输入网络信息系统。射频标签和射频读写器之间利用无线传输方式进行信息交换，可以进行非接触识别，可以识别快速移动的物体，可以同时识别多个物体，EPC 射频识别系统使数据采集最大限度地降低了人工干预，实现了完全自动化，是"物联网"形成的重要环节。

1. EPC 标签

EPC 标签内存有物品的信息。EPC 标签中存储的信息是 96 位、64 位或者 256 位 EPC 码。为了降低成本，EPC 标签通常是被动式射频标签。

2. 读写器

读写器是用来识别 EPC 标签的电子装置，与信息系统相连实现数据交换。读写器使用多种方式与 EPC 标签交换信息，读写器的基本任务是激活标签，与标签建立通信并在应用软件和标签之间传送数据。EPC 读写器和网络之间不需要 PC 作为过渡，所有读写器之间的数据交换直接可以通过一个对等的网络服务器进行。

读写器软件提供了网络连接能力，包括 Web 设置、动态更新、TCP/IP 读写器界面，读写器内部建有兼容的数据库引擎。

（三）EPC 信息网络系统

信息网络系统由本地网络和全球互联网组成，是实现信息管理、信息流通的功能模块。

EPC 的信息网络系统是在全球互联网的基础上，通过 EPC 中间件、对象解析服务（ONS）和 EPC 信息发布服务（EPCIS）来实现全球"实物互联"。

1. EPC 中间件

EPC 中间件是加工和处理来自读写器所有信息和事件流的软件，是连接读写器与计算机网络的纽带，其主要任务是标签数据校对、读写器协调、数据传送、数据存储和任务管理。

2. 对象名称解析服务

对象名称解析服务（ONS）是一个自动的网络服务系统，类似于互联网的域名解析服务（DNS），ONS 服务给中间件指明了存储产品相关信息的服务器。

ONS 服务是联系 EPC 中间件和 EPC 信息服务的网络枢纽，ONS 服务的设计和构架都以因特网域名解析服务（DNS）为基础，因此，可以使 EPC 网络以互联网为依托，迅速架构并顺利延伸到世界各地。

3. EPC 信息发布服务

EPC 信息发布服务（EPCIS）提供了一个模块化、可扩展的数据和服务接口，使得 EPC 的相关数据可以在企业内部或企业之间共享，处理与 EPC 相关的各种信息。EPCIS 有两种运行模式，一种是 EPCIS 信息被已经激活的 EPCIS 应用程序直接应用；另一种是将 EPCIS 信息存储在资料档案库中，以备今后查询时解析检索。

七、EPC 系统工作流程

在有 EPC 标签、EPC 读写器、EPC 中间件、Internet、ONS 服务器、EPC 信息服务器（EPCIS）以及众多数据库组成的实物互联网中，读写器读出的 EPC 码只是一个信息参考（指针），由这个信息参考可以在 Internet 中找到 IP 地址，并获取该地址存放的相关物品信息。由于标签上只有一个 EPC 码，计算机需要知道与该 EPC 码匹配的其他信息，这就需要 ONS 服务器来提供一种自动化的网络数据库服务。EPC 中间件将 EPC 码传给 ONS，ONS 指示 EPC 中间件到一个保存着产品文件的服务器（EPCIS）查找，该文件可由 EPC 中间件复制，因而产品的文件信息就能传到供应链上。

第四节　日本泛在识别 UID 标准体系

日本泛在识别（Ubiquitous ID，UID）标准体系是射频识别三大标准体系之一，该标准体系主要包括泛在编码体系、泛在通信、泛在解析服务器和信息系统服务器四部分。本节将介绍 UID 标准体系的架构、UID 编码的结构和特点、UID 主要设备的工作原理以及各种服务器的功能等，通过对本节的学习，读者可以对日本 UID 标准体系有一个整体的认识。

一、UID 标准体系概述

日本泛在识别中心（UID Center）于 2002 年 12 月成立。泛在识别中心制定 UID 标准的思路类似于 EPC global，其目标也是推广自动识别技术，构建一个完整的编码体系，组建网络进行通信。目前日本已经有 475 个厂商加入 UID 体系，包括 NEC 公司、索尼公司、日立公司和东芝公司等，还有部分国际的知名厂商参与 UID 体系，包括微软公司、三星公司和 LG 公司等。UID 的核心任务是赋予全球任何一个物体唯一的识别号，实现全球范围内物品跟踪与信息共享，建立物与物相连的通信网络。

UID 与 EPC global 的物联网有区别。EPC 采用业务链方式，面向企业，面向产品信息的流动，比较强调与互联网结合。UID 比较强调信息的获取和分析，强调前端的微型化与集成，它采用的是始于 20 世纪 80 年代中期的实时操作系统（TRON），从而保证了信息具有防复制和防伪造的特性。

为了制定具有自主知识产权的 RFID 标准体系，UID 采用 Ucode 编码，它能兼容日本已有的编码体系，同时也能兼容其他国家的编码体系。UID 积极参加空中标准的制定工作，泛在通信除了提供读写器与标签的通信外，还提供 3G、PHS 和 802.11 等多种接入方式。在信息共享方面，Ucode 解析服务器通过 Ucode 识别码提供信息服务器的地址，信息系统服务器存储并提供与 Ucode 识别码相关的各种信息。UID 信息共享尽量依赖于日本的泛在网络，它可以独立于互联网实现信息共享。

二、泛在识别码

泛在识别标准体系（UID）采用 Ucode 识别码，Ucode 识别码是泛在计算模式中识别对象的唯一手段。泛在识别的 Ucode 标签可以嵌入到被跟踪的物品中，Ucode 标签虽然可以存储该物品的相关信息，但受到存储容量方面的制约，Ucode 标签不可能存储所有的信息。Ucode 标签只存储识别物品的 ID 代码（泛在识别码），并在其容量范围内存储附加的属性信息，Ucode 标签的物品信息则存储在网络的数据库中。

（一）UID 编码结构

Ucode 识别码采用 128 位编码记录信息，并能够以 128 位为单元进一步扩展到 256 位、384 位或 512 位。Ucode 编码能包容现有编码体系，通过使用 Ucode128 字节这样一个庞大的号码空间，可以兼容多种国外编码，包括 ISO/IEC 和 EPC 的编码，甚至可以兼容电话号码。

（二）UID 编码特点

UID 编码的特点如下。

1. 厂商的独立性

在有多个厂商提供多个 Ucode 标签的环境下，使用任意厂商提供的标签进行读写，都能获得正确的信息。

2. 安全性

在泛在信息服务系统的应用中，由于采用了 TRON（实时操作系统），能够提供确保用户安全的技术和对策。

3. Ucode 的可读性。

经过 Ucode 标准认证的标签和读写器，都能够通过 Ucode 识别码来确认。

4. 使用频率不做强制性规定

日本的读/写（Read/Write，R/W）标准可以使用 13.56MHz、950MHz 和 2.45GHz 等多种频率。若在其他国家使用 UID 射频识别系统，也可根据该国情况决定使用频率。

三、泛在通信器

泛在通信是一个识别系统，由 RFID 标签、读写器和无线通信设备等构成，主要用于读取物品 RFID 标签的 Ucode 识别码信息，并将获取的信息传送到 Ucode 解析服务器。

泛在通信器（Ubiquitous Communicator，UC）是 UID 泛在通信的一种终端，是泛在计算环境与人进行通信的接口。泛在通信器（UC）可以和各种形式的电子标签（包括射频 IC 卡）进行通信，可以获得与 Ucode 识别码相关的增值服务，同时还具有与广域网络通信的功能，可以与 3G、PHS 和 IEEE802.11 等多种无线网络连接。

泛在通信器能够随时随地提供信息交流服务，并具有丰富的多元通信功能，是 UID 泛在识别系统的主要组成部分。

（一）多元通信接口

泛在通信器能够提供 RFID 电子标签的读写功能，能够满足 ISO/IEC 14443 标准 RFID

卡所需的通信方式，具有可同时读取多个不同公司、不同种类 RFID 电子标签的功能。

在泛在识别中心，可以利用无线和宽带通信手段，为具有 Ucode 识别码的物品提供信息服务。这个信息服务的过程是，RFID 标签中存储有 Ucode 识别码，通过泛在通信器（UC）的无线通信功能，可以读取 Ucode 识别码的相关信息，无线通信的方式可以采用第三代手机通信网 WCDMA、局域网、蓝牙等。泛在通信器将读取的 Ucode 识别码信息发送到 Ucode 解析服务器，即可获得附有该 Ucode 识别码相关信息的存储位置，即宽带通信（如互联网）地址。泛在通信器检索对应地址，即可访问产品信息库，从而得到该物品的相关信息。

（二）无缝通信

泛在通信器具有多个通信接口，不仅可以使用不同的通信方式，还可以在两种通信方式之间进行无缝切换。例如，泛在通信器具有 WLAN 接口和第三代手机的 WCDMA 接口，在建筑物中使用泛在通信时可以利用 WLAN 接口。在从室内走到室外的过程中，泛在通信可自动切换到 WCDMA 接口，在通信接口切换时，仍然可以为用户提供高质量的通信服务。这种可自动切换通信接口的技术，被称为无缝通信技术。

（三）安全性

在通信过程中，为了对个人隐私进行有效保护，防止其信息不被恶意攻击或读取，在使用泛在识别技术通信时，首先需要认证物品的 Ucode 识别码，同时也需要认证物品的信息密码。这样即使获得了物品信息，没有密码也无法读懂物品信息的内容。

在泛在环境下，安全威胁主要来自窃听和泄密，关于网络安全和保护个人隐私问题 UID 中心提出了多种防范措施。

（1）由窃听出现的问题通过窃取泛在识别系统的信息获取相应的通信内容，可导致个人信息或秘密信息泄露。例如，将 UID 技术应用于药品物流管理时，通过窃取药品上的 RFID 标签信息，可获得购买、付费和使用等通信记录，从而推测到服药主体以及其身体健康状况。

（2）由信息泄露出现的问题如果远程 RFID 标签访问权限控制的不够充分，恶意攻击者可能会通过无线通信远程读取物品相关信息，从而出现物品信息泄露的情况。例如，当顾客穿着具有 Ucode 标签的衣物外出旅游，泛在通信器（UC）在靠近该衣物时即可读到 Ucode 识别码的信息，通过检索产品数据库，就可了解到衣物的购买主体，甚至可以推断出穿着该衣物人的具体位置。

四、Ucode 标签分级

Ucode 标签泛指所有包含 Ucode 识别码的设备，如条码、RFID 标签，智能卡和主动芯片等。Ucode 标签具有多个性能参数，包括成本、安全性能、传输距离和数据空间。在不同的应用领域，对 Ucode 标签的性能参数要求也不相同，有些应用需要成本低廉，有些应用需要牺牲成本来保证较高的安全性，没有超级芯片可以满足所有的应用要求，所以需要对 Ucode 标签进行分级。目前 Ucode 标签主要分为 9 类。①光学性 ID 标签（Class0）。是指可通过光学手段读取的 ID 标签，相当于目前的条码。②低档 RFID 标签（Class1）。低档 RFID 标签的代码在制造时已经被嵌入在商品内，由于结构的限制，是不可复制的标签，同时标签内的信息不可改变。③高档 RFID 标签（Class2）。高档 RFID 标签具有简单认证功能和访问控制功能，Ucode 识别码必须通过认证，并具有可写入功能，而且可以通过指令控制工作状态。④低档 RFID 智能标签（Class3）。低档 RFID 智能标签内置 CPU 内核，具有专用密匙处理功能，通过身份认证和数据加密来提升通信的安全等级，具有抗破坏性，并具有端到端访问保护功能。⑤高档 RFID 智能标签（Class4）。高档 RFID 智能标签内置 CPU 内核，具有通用密匙处理功能，通过身份认证和数据加密来提升通信的安全等级，并具有端访问控制和防篡改功能。⑥低档有源标签（Class5）。低档有源标签内置电池，访问网络时能够进行简单的身份认证，具有可写入功能，可以进行主动通信。⑦高档有源标签（Class6）。高档有源标签内置电池，具有抗破坏性，它通过身份认证和数据加密来提升通信的安全等级，并具有端到端访问保护的功能，可以进行主动通信，且可以进行编程。⑧安全盒（Class7）。安全盒是可以存储大量数据、安全可靠的计算机节点，安全盒安装了 TRON（实时操作系统），可以有效地保护信息安全，同时具有网络通信功能。⑨安全服务器（Class8）。安全服务器除具有 Class7 安全盒的功能外，还采用了更加严格的通信保密方式。

五、信息系统服务器

信息系统服务器存储并提供与 Ucode 识别码相关的各种信息。由于采用 TRON 实时操作系统，从而保证了数据信息具有防复制、防伪造特性。信息服务系统具有专业的抗破坏性，通过自带的 TRON ID 实时操作系统识别码，信息系统服务器可以与多种网络建立通信连接。

为保护通信过程中的个人隐私，UID 技术中心使用密码通信和通信双方身份认证的方式确保通信安全。TRON 的硬件（节点）具有抗破坏性，要保护的信息存储在 TRON 的节点中，在 TRON 节点间进行信息交换时，通信双方必须进行身份认证，且通信内容必须使用密码进行加密，即使恶意攻击者窃取了传输数据，也无法解译具体的内容。

六、Ucode 解析服务器

由于分散在世界各地的 Ucode 标签和信息服务器数量非常庞大，因而在泛在计算环境下，为了获得实时物品信息，Ucode 解析服务器的巨大分散目录数据库，与 Ucode 识别码之间保持着信息服务的对应关系。

Ucode 解析服务器以 Ucode 识别码为主要线索，具有对泛在识别信息服务系统的地址进行检索的功能，可确定与 Ucode 识别码相关的信息存放在哪个信息系统服务器，是分散型轻量级目录服务系统。

Ucode 解析服务器特点如下。

（一）分散管理

Ucode 解析服务器不是由单一组织实施控制，而是一种使用分散管理的分布式数据库，其方法与互联网的域名管理（Domain Name Service，DNS）类似。

（二）与已有的 ID 服务统一

在对 UID 信息服务系统的地址进行检索时，可以使用某些已有的解析服务器。

（三）安全协议

Ucode 识别码解析协议规定，在 TRON 结构框架内进行 eTP（entity Transfer Protocol）会话，需要进行数据加密和身份认证，以保护个人信息安全。此外，通过在物品的 RFID 标签上安装带有 TRON 的智能芯片，可以保护存储在芯片中的信息。

（四）支持多重协议

使用的通信基础实施不同，检索出的地址种类也不同，而不仅仅局限于检索 IP 地址。

（五）匿名代理访问机制

UID 中心可以提供 Ucode 解析代理业务，用户通过访问一般提供商的 Ucode 解析服务器，可获得相应的物品信息。

第五节　我国的物联网 RFID 技术标准

为了在 RFID 产业中掌握主动权，世界发达国家和跨国公司都在加速推动 RFID 技术的研发和应用进程，围绕 RFID 标准和技术的竞争日趋激烈。RFID 标准的制定是促进我国 RFID 产业发展的基础性工作，从维护国家利益的角度出发，我国只有推出具有自主知识产权的 RFID 标准，才能掌握 RFID 发展的主动权。我国 RFID 标准的建立，可以避免国内技术开发和市场应用混乱的状况，有助于形成合力，增强竞争力。

一、制定我国 RFID 标准的必要性

在信息技术领域，一个产业往往是围绕一个或几个标准建立起来的。RFID 标准包含大量专利，当全球只有一个 RFID 标准时，就意味着市场的垄断和产业的控制。制定我国 RFID 技术标准的必要性如下。

（一）保障信息安全

在 RFID 标准的制定过程中，要考虑国家的信息安全。RFID 标准中涉及国家信息安全的核心问题是编码规则、传输协议和中央数据库等，谁掌握了产品信息的中央数据库和产品编码的注册权，谁就获得了产品身份认证、产品数据结构、物流及市场信息的拥有权，没有自主知识产权的 RFID 技术标准，就不可能有真正的信息安全。以 EPC 标准体系为例，EPC 系统的中央数据库在美国，且美国国防部是 EPCglobal 的强力支持者，如果我国使用 EPC 的编码体系，会使我国信息被美国所掌控，对我国国民经济运行和国防安全造成重大隐患。

（二）突破技术壁垒

发达国家出于对本国产业的保护，经常以技术标准为借口建立技术壁垒，如果我们不建立具有自主知识产权的 RFID 标准体系，在使用国外的 RFID 技术标准时，会涉及到大量的知识产权问题，需要花费大量金钱购买专利使用权。

（三）实现标准自主

掌握 RFID 标准制定的主导权，就能充分考虑我国企业的应用需求，有条件的选择国外专利技术，控制产业发展的主导权，降低标准的综合使用成本。由于历史的原因，我国的高技术标准大多采用美日欧等国家所制定的标准，为了摆脱我国企业在国际分工中处于附属地位的状况，我国迫切需要通过实施自己的标准战略，提高我国自主技术标准的份额，从根本上优化国家的产业结构，形成以技术为核心的竞争优势。巨大市场为建立我国自主的 RFID 技术标准提供了优良的条件，若能够实现自主制定 RFID 技术标准，将为我国在国际标准竞争中打开一个突破口，掌握 RFID 产业发展的主导权。

二、制定我国 RFID 标准的基本原则

由于 RFID 涉及电子标签、读写器、中间件、数据采集、编码解析和信息服务等众多软硬件产品，随着 RFID 应用的发展，它将形成一个庞大的产业，因此需要根据 RFID 技术的特点以及我国 RFID 产业的实际情况，制定适合我国国情的 RFID 技术标准发展规划。

我国在深入分析国际 RFID 标准体系和 RFID 系统各基本要素相互关系的基础上，依据《中国射频识别技术政策白皮书》，提出了制定我国 RFID 标准体系的原则，建立了我国 RFID 系统构架模型和 RFID 标准体系模型，给出了 RFID 标准体系优先级列表，进而为国家的宏观决策提供技术依据，为 RFID 的国家标准和行业标准提供指南。考虑到 RFID 在我国应用的具体情况，我们需要按照以下原则制定标准。

（一）系统性

RFID 技术极具渗透性，它的应用领域包括资产管理、物流供应链、安全防伪和生产管理等，涉及国民经济的各个方面。制定 RFID 标准要从系统的角度出发，综合考虑系统的各个组成要素，协调和统一各个环节的技术问题。

（二）衔接性

RFID 技术应用包括前端数据采集、中间件、编码解析和信息服务等环节，各个环节之间涉及众多标准，要充分考虑这些标准的衔接性，以保证标准体系的配套，从而发挥标准体系的综合作用。

（三）自主性

要充分考虑我国 RFID 产业和应用的现状，优先吸收我国自主的专利技术，建立具有自主知识产权的 RFID 标准体系，维护国家安全，促进我国 RFID 相关产业快速发展。

（四）兼容性

兼容性是多种产品在一起使用的基本要求，自主性并不意味着排斥国外的先进技术，要充分研究国外 RFID 标准体系和我国 RFID 应用现状，在制定我国 RFID 标准时考虑与相关国际标准的兼容性，这样才会保护消费者的利益，也有利于我国 RFID 产品的出口。

三、我国 RFID 标准体系框架

制定 RFID 标准框架的指导思想是以完善的基础设施和技术装备为基础，并考虑相关的技术法规和行业规章制度，利用信息技术整合资源，形成相关的标准体系。

（一）RFID 标准体系

RFID 标准体系由各种实体单元组成，各种实体单元由接口连接起来，对接口制定接口标准，对实体定义产品标准。我国 RFID 系统标准体系可分为基础技术标准体系和应用技术标准体系，基础技术标准分为基础类标准、管理类标准、技术类标准和信息安全类标准四个部分。其中，基础类标准包括术语标准；管理类标准包含编码注册管理标准和无线电管理标准；技术类标准包含编码标准、RFID 标准（包括 RFID 标签、空中接口协议、读写器、读写器通信协议等）、中间件标准、公共服务体系标准（包括物品信息服务、编码解析、检索服务、跟踪服务、数据格式）以及相应的测试标准；信息安全类标准不仅涉及标签与读写器之间，也涉及整个信息网络的每一个环节，RFID 信息安全类标准可分为安全基础标准、安全管理标准、安全技术标准和安全测评标准 4 个方面。

（二）RFID 基础技术标准体系

RFID 标签、读写器和中间件标准仅仅包含所有产品的共性功能与共性要求，应用标准体系中将定义个性功能和个性要求。接口标准和公共服务类标准不随应用领域变化而变化，是应用技术必须采用的标准。

（三）RFID 应用技术标准体系

应用标准是在 RFID 标签编码、空中接口协议和读写器协议等基础技术标准之上，针对不同的应用领域和不同的应用对象制定的具体规范。它包括使用条件、标签尺寸、标签位置、标签编码、数据内容、数据格式和使用频段等特定应用要求规范，还包括数据的完整性、人工识别、数据存储、数据交换、系统配置、工程建设和应用测试等扩展规范。

RFID 应用技术标准体系是一个指导性框架，制定具体 RFID 应用技术标准时，需要结合应用领域的特点，对它进行补充和具体的规定。在 RFID 应用技术标准体系模型中，有些内容需要制定国家标准，有些内容需要制定行业标准、地方标准或企业标准，标准制定机构需要根据具体的情况确定制定什么级别的应用标准。

四、我国 RFID 的关键技术

RFID 的关键技术根据 RFID 数据流来决定，可以借鉴 ISO/IEC 和 EPCglobal 的框架体系。RFID 的框架体系分为数据采集和数据共享两个部分，主要包括编码标准、数据采集标准、中间件标准、公共服务体系和信息安全标准五方面内容。下面介绍其关键技术。

（一）编码标准

应该制定自己的编码体系，满足国家信息安全和中国特色应用的要求。同时需要考虑与国际通用编码体系的兼容性，使其成为国际承认的编码方式之一。这样可以减小商品流通信息化的成本，同时也是降低国外编码机构收费的一种手段。有关编码方面的标准主要有：

1. 基于 RFID 的物品编码

该标准对物品 RFID 编码的数据结构、分配原则以及编码原则进行规定，为实际编码提供基本原则。

2. 基于 RFID 的物品编码注册和维护

该标准对物品编码申请人的资格、注册程序以及注册后的相关权利和义务进行规定，实现对物品编码的国家层和行业层管理。通过对物品编码注册、维护和注销等加以规定，可以实现物品编码信息的循环流通。

（二）数据采集标准

RFID 数据采集技术框架主要由空中接口协议组成，空中接口协议主要指的是 ISO/IEC 18000 系列标准，包括调制方式、位数据编码方式、帧格式、防冲突算法和命令响应等多项内容。从理论上讲，空中接口协议应趋向于一致，以降低成本并满足标签与读写器之间互操作性的要求。电子标签的低成本决定了一个标签难以支持多种空中接口协议。如果存在多种空中接口协议，而每一张标签只支持一种协议，就会出现一个读写器的读取范围内，标签具有不同的空中接口协议，这样会导致防冲突算法效率降低，甚至导致有些标签无法读取。

以美国为首的 EPC global 将 UHF GEN2 Class1 递交给 ISO，成为 ISO/IEC 18000-6C 标准。日本 UID 则积极推广 ISO/IEC 18000-4。ISO/IEC 18000 系列标准包含大量专利，如果直接采用国外的控制接口协议标准，需要支付巨大的专利费。因此，我国要积极制定具有自主知识产权的 RFID 空中接口协议标准，最大限度地采用自己的专利，最小限度使用国外专利，这是我们制定空中接口协议的最终目标。

（三）中间件标准

目前，业界对 RFID 中间件标准的制定才刚刚开始，仅 EPCglobal 提出了中间件规范草案，一些国际著名的 IT 企业，如微软、SAP、Sun 和 IBM 等都在积极从事 RFID 中间件的研究与开发，但各个厂家的中间件在互联互通方面还处在探索和融合阶段。我国目前使用的中间件主要是从国外进口，随着 RFID 应用的迅速增长，对 RFID 中间件和相关标准的需求将非常迫切。在制定我国自主的中间件标准时，既要借鉴国外的经验和技术，又要考虑我国行业的应用特点和现状，这样才能够设计和开发出具有自主知识产权的 RFID 中间件产品。

（四）公共服务体系标准

公共服务体系是在互联网网络体系的基础上，增加一层可以提供物品信息交流的基础设施，其功能包括编码解析、检索与跟踪服务、目录服务和信息发布服务等。国外的 3 大 RFID 标准体系中，ISO 目前没有相应的标准，EPCglobal 和日本 UID 考虑了公共服务体系。日本 UID 基于泛在计算体系，目前没有公布相关的规范。EPC global 制定了"物联网"规范，已公布的规范有 EPCIS（EPC 信息服务）、ONS（对象域名解析服务）和物品信息描述语言 PML（物体标识语言）。EPC global 的 ONS 的主要问题是安全性不能满足我国要求，域名资源由美国控制，其中央数据库也在美国。

公共服务系统是 RFID 技术广泛应用的核心支撑，它关系到国民经济运行、信息安全甚至国防安全。在制定我国 RFID 公共服务体系标准时，既要考虑我国未来 RFID 的应用特点，也要考虑全球贸易，需要支持与 EPCglobal "物联网" 互联互通。

（五）信息安全标准

目前，ISO/IEC、EPC 和 UID 三大标准体系都没有发布信息安全方面的标准。从电子标签到读写器、读写器到中间件、中间件之间以及公共服务体系各因素之间，均涉及信息安全问题。因此，我国应根据 RFID 系统中的不同节点、不同信息类型，研究其安全性要求，制定 RFID 信息安全标准，确保信息的安全。

第六章 RFID 物联网实际应用

第一节 物联网 RFID 在交通运输领域的应用

RFID 技术在交通运输行业有着广泛的应用，对促进现代交通运输业发展，推进交通运输信息化建设具有重要意义。RFID 技术体现了管理智能化、物流可视化、信息透明化的理念和发展趋势，为提升智能交通水平，促进现代交通运输发展，促使我国成为运输领域大国、强国，抢占未来交通运输市场奠定了一个较好的基础。

航空具有快捷、高效的优势，已经成为支持国民经济快速、持续增长的重要动力，基于 RFID 技术的航空管理系统，正逐渐成为民航信息化建设的重点。随着国民经济的不断发展，城市汽车的拥有量不断增加，为保证车辆的安全和交通方便，交通管理部门采用了 RFID 技术实现城市交通智能化管理，大大提高了城市交通管理水平。目前越来越多的交通运输行业开始引入基于 RFID 的管理系统，本章将介绍 RFID 技术在交通运输领域的应用，并介绍 RFID 系统的应用优势、应用前景以及在世界各地的应用案例。

一、物联网 RFID 在民航领域的应用

面对信息化社会的竞争，机场作为国家的交通枢纽，是一个国家信息强弱的标志，只有不断提高机场管理技术，才能紧跟国际交通运输发展的步伐。RFID 是新型的高新技术，它的先进性已经具备了替代旧一代识别技术的能力，它将以全新的姿态投入机场管理当中，去解决繁重的机场管理工作。

（一）RFID 技术在机场管理系统的应用优势

RFID 航空物流管理系统可以提高运营效率，降低运营成本，实现供应链各个环节的信息化管理，并可为顾客提供高效周到的服务。

1. RFID 技术与条码技术相比的优势

目前我国航空运输总量年增长率超过 9.3%，远远高于同期全球 4.7% 的平均增长。然而在信息化建设和应用水平上，我国民航与世界先进国家相比仍有待提高。RFID 技术与传统的条码技术相比有许多优势，可以帮助航空公司大大减少人力成本和费用支出，提高

我国航空信息化进程，使我国航空管理水平有技术上的突破。

RFID 技术与条码技术相比的优势如下：

（1）RFID 是智能化、信息化管理，条码是人工管理。

（2）RFID 读写器是自动读取标签数据，条码是人工扫描读取标签数据。

（3）RFID 可以大大减少人力成本和费用支出，条码是劳动密集型工作方

（4）RFID 读写器可以远距离快速采集标签数据，条码是对准标签慢速采集标签数据。

（5）RFID 可以按照行业标准规范管理，条码是落后的管理方式。

2. RFID 机场管理系统的优势

（1）更优质的服务

在机场登记柜台处，工作人员给旅客的行李贴上 RFID 标签。在柜台、行李传送带和货仓处，机场分别安装上射频读写器。这样航空管理系统就可以全程跟踪行李，直到行李到达旅客的手中，解决了以往出现的行李丢失问题。

（2）更优质的货物仓储管理

RFID 标签可以安装在货箱上，记录产品摆放位置、产品类别和日期等。通过识别在货箱上的 RFID 标签，就可以随时了解货品的状态、位置以及配送的地方。

（3）运输过程管理和货物追踪

RFID 技术可以实现全程追踪产品，可以实时、准确、完整地记录产品的运行情况，可以加强从产品的生产、运输到销售各个环节的管理，并可为客户提供查询、统计、数据分析等服务。

（4）节省管理成本和提高工作效率

在航空公司运营的过程中，经常出现行李错误运送，航空公司每年需花一大笔费用去处理这些问题，因此整个航空运输管理部门和物流公司都希望尽快找到解决方法。RFID技术具有可视化管理和对物品全程追踪的特性，可以为航空公司解决行李错误运送的问题。

（5）降低飞机意外风险

RFID 技术可以降低飞机维修错误的风险。在巨大的飞机检修仓库内，经过专业培训的高级机械师每天都要花费大量的时间查阅检修日志，寻找维修飞机的合适配件，这种过时、低效率的寻找方式不但经常会犯错误，而且浪费了大量的时间。通过在飞机部件上使用 RFID 电子标签，能快速准确地显示部件的相关资料，帮助航空公司迅速准确地更换有问题的部件，从而节省了大量的人力和物力。

在飞机座位上安装 RFID 电子标签，飞机管理人员可以清楚地了解到每个座位上的救生衣是否到位，可以有效地避免遇到紧急情况时发生错误。

（6）货物和人员跟踪定位

RFID 技术能够在繁多的货物当中正确地指示各种货物的具体位置，并能在机场或飞

机上确定要寻找人员的具体位置。

（7）应付恐怖袭击和保安作用

每张 RFID 电子标签都有一组无法修改、独立的编号，而且经过专门的加密。可以将黑名单人员的信息输入 RFID 系统，在黑名单上的人员通过关卡时，RFID 系统能够发出报警信号，同时能够迅速确定此人的行李位置，使管理人员能够及时准确地找出可疑人的行李，有效地防止恐怖事件的发生。

（8）对机场工作人员进出授权

机场可以根据每位工作人员的工作性质、职位和身份对他们的工作范围进行划分，然后把以上信息输入员工工作卡上的 RFID 电子标签。RFID 系统能够及时识别该员工是否进入了未被授权的区域，使航空公司更好地对员工进行管理。

（9）远距离测定位置

RFID 系统可在几十米的范围内准确测定物体的位置，方便机场管理人员及时准确地确定物体和工作人员的位置。

（二）RFID 技术在机场管理系统的应用前景

根据国际航空运输协会 2007 年列出的全球机场 RFID 应用计划，全球 80 家最繁忙的机场将在未来 5 年内采用 RFID 标签追踪和处理包裹，该项措施预计每年能为航空业节省 7 亿美元费用。悉尼金斯福德·史密斯国际机场和墨尔本泰勒马林国际机场也在这 80 家预计安装 RFID 设备的名单内，悉尼金斯福德·史密斯国际机场目前已经开始测试 RFID 标签。吉隆坡国际机场、香港国际机场和北京首都国际机场也拟采用 RFID 技术处理内部包裹。

1. RFID 标签代替包裹条码标签的计划

国际航空运输协会在一份 RFID 技术应用计划书中，列出了全球采用 RFID 标签代替包裹条码标签的详细建议方案。

2. RFID 标签计划的实施范围

国际航空运输协会代表着 240 家航空公司，2007 年 2 月至 4 月该协会在一些大机场开展包裹丢失和处理错误的研究，计划书正是基于这些研究而形成的。研究表明，80 家最繁忙的机场对全球 80% 的包裹丢失事件负有责任，并称这 80 家机场在未来 5 年内将采用 RFID 标签代替条形码标签，综合费用为 1.728 亿美元。该项目第一阶段包括美国 32 家机场、欧洲 22 家机场、加拿大和中南美洲 11 家机场、亚洲 9 家机场、中东地区 2 家机场、澳大利亚 2 家机场、新西兰 1 家机场和南非 1 家机场。

3. RFID 标签计划的经济效益

美国机场的包裹失踪率在全球各国的机场中是最高的，亚太地区的失踪率比较低。国际空运输协会 2007 年 6 月公布的最新一份商业报告称，包裹失踪和处理错误让航空业每年损 50 亿美元，其中 12 亿美元用于赔偿旅客，36 亿美元花费在劳动力上。国际航空运输协估计每 1000 位乘客就有 20 例包裹失踪或处理错误的情况，如果整个航空业都采用 RFID 术处理包裹，那么每年能节省 7.33 亿美元，当 RFID 项目的第一个 5 年计划结束后，全球约 80 家机场就能够采用 RFID 标签处理包裹，预计每年可以节省 2 亿美元。

国际航空运输协会表示，50%的会员支持 RFID 技术，另一半航空公司则担忧费用、技术的成熟度等问题。但是，从国际航空运输协会的决心和这份报告的数据可以看出，基于 RFID 的机场管理系统将成为一种发展趋势，即使在短时间内一些航空公司对费用、技术的成熟度以及可靠性有所怀疑，RFID 技术在机场管理系统的应用已经是一种必然的发展方向。

（三）RFID 技术在机场管理系统各个环节中的应用

RFID 技术在各个国家机场中都已经开始试验或者尝试使用，RFID 技术在机场管理系统的应用提高了机场的管理效率，提升了机场的服务水平。目前，RFID 技术正逐步应用到机场管理的各个环节，这对提升机场工作效率、安全管理等各个方面都有很大的帮助。

1. 电子机票

电子机票利用 RFID 智能卡技术，不仅能为旅客累计里程点数，还可预定出租车和酒店、提供电话和金融服务。使用电子机票，旅客只需要凭有效身份证和认证号，就能领取机牌。从印刷到结算，一张纸质机票的票面成本是四五十元，而电子机票不到 5 元。对航空公司来说，除了使销售成本降低 80%以外，电子机票还能节省时间，保证资金回笼的及时与完整，保证旅客信息的正确与安全，并有助于对市场的需求做出精确分析。

电子机票是空中旅行效率的源头。1993 年 8 月，以美国亚特兰大为基地的 Valuejet 航空公司售出了第一张电子机票。1998 年，美国联合航空公司电子机票比例达到 36%；1999 年上升至 58%，代理费则由 13.25 亿美元下降至 11.39 亿美元；2001 年 11 月电子机票比例达到 65%。目前，发达国家电子机票约占 40%，美国约占 60%，国际航协还制定了统一的电子机票国际标准，希望全面实现机票电子化，取消纸质机票。

2000 年 3 月 28 日，我国南方航空公司在国内率先针对散客推出电子机票，但当年只销售 30 万元人民币；2001 年吸收代理人参与后，销售额达到 1.5 亿元；2002 年达到 6 亿元。2003 年 8 月至 9 月，国航电子机票进军上海和广州，东航积极跟进，目前上航、海航等公司也已加入。2004 年全国电子机票占到机票销售总额的 6.7%，销售总收入 40 亿元，南航比例达到 25%，即使以 20%计算，也能节省近 1 亿元的费用，以全国每年 7 000 万人次客流计算，能节省 21 亿元。2007 年，全国电子机票比例已经达到 50%以上。

2. RFID 技术为机场"导航"

大型机场俨然是一个方圆数里的迷宫。虽然所谓"导向协调"的概念十分流行，但是多半还停留在标牌和符号的层次。机场服务最高境界应该是利用一切技术手段，主动为旅客提供最需要的信息。20 世纪 80 年代中期某些繁忙的美国机场曾经有自己的广播电台，旅客开车到机场的路上就能看到这个电台的标志牌，它不断地播出航班、订车位、路况等信息。现在，广播和显示屏口渐精致，却本质依旧，对旅客来说，这种信息 99% 是无用的，航班越来越多，广播的语种、语速、重复的次数、显示屏的滚动速度等各方面的压力也越来越大。

通过使用 RFID 技术可以在机场为旅客提供"导航"服务。在机场入口为每个旅客发一个 RFID 信息卡，将旅客的基本信息输入 RFID 信息卡，该信息卡可以通过语言提醒旅客航班是否正点、在何处登机等信息。丹麦 Kolding 设计学院探索的概念更前卫，利用 RFID 的个人定位和电子地图技术，不管机场有多复杂，只要按个人信息显示的箭头，就能准确地达到登机口。

3. RFID 技术提供贵宾服务

随着航空业的飞速发展，全球各地航空公司都在不断优化自身的综合运营能力，提高自身的服务质量。尤其是在中国，由于外资民航公司的加入以及民营航空公司的不断出现，中国航空业面临着更加严峻的竞争环境。

RCG 等公司针对航空公司特殊的行业背景，量身定做了一套机场贵宾服务方案。该方案集合了 RFID 无线射频技术、指纹识别及面部轮廓识别等 3 个高科技技术，贵宾客户只要去贵宾专区的登机柜台，航空公司工作人员便会派发一张无线射频贵宾卡（后称贵宾卡）给客户，同时也会为客户采集指纹及面部轮廓等数据。

当乘客在登机柜台登记时，客户服务人员会按照乘客所乘坐的航班及个人资料，发出一张拥有"主动射频"功能的超级登记证（一种主动式 RFID 标签）。这个超级登机证除了可以方便登机之外，还可以使机场人员在必要时立即确定乘客的位置，为乘客提供实时的帮助，也可以在飞机起飞前，方便工作人员去催促乘客登机。

如果客户需要在机场购物，只需要把贵宾卡放在收款台的无线射频读写器上，就可以代替现金结算，方便快捷。当客户在贵宾专用的通道登机时，只需要将贵宾卡放在无线射频读写器上，然后将手指压在指纹信息识别仪上，面向摄像头，系统便会识别客户的指纹和面部轮廓，确认后即可登机。当乘客入闸后，在已装有无线射频读写器的候机区内，他们的位置会被旁边的射频读写器读取，乘客的位置数据会通过网络上传至服务器。机场管理人员可通过管理系统的摄像头观察每位乘客的确定位置，方便航班工作人员去催促乘客登机。另外，也可以监测乘客有没有不恰当的进出行为，例如，走进禁区。再者也可以按动附在超级登机证上的援助按钮，呼唤工作人员的协助。

4. 旅客的追踪

使用无线射频标签（RFID 标签），可随时追踪旅客在机场内的行踪。实施方式是在每位旅客向航空公司柜台登记时，发给一张 RFID 标签，再配合 RFID 读写器和摄像机，即可监视旅客在机场内的一举一动。主持这项名为"Optap"的计划已经在匈牙利机场测试，该计划由欧盟出资，并有欧洲企业和伦敦大学组成的财团负责研究开发。

若匈牙利机场的测试成功并吸引顾客，该技术可能部署欧洲各地机场。Optap 的作用是让机场人员有能力追踪可疑旅客的行踪，阻止他们进入限制区域，提升机场的安全。Optap 识别范围可达 10~20 公尺，识别标签定位的误差也缩小到 1 公尺以内。Optap 个人定位的功能在疏散人员、寻找走失儿童和登机迟到的乘客等状况下非常有用。但使用 Optap 技术尚有实地执行的障碍有待解决，如在机场环境中找出适当操作标签的方式，开发一种确保旅客会接受的标签，并消除可能会侵犯旅客人身自由权的顾虑。研究人员强调，该设备不会刻意监视谁在做什么事，但为了安全需要，仍会锁定某些特定人士。RFID 技术追踪可疑旅客的行踪，阻止他们进入限制区域

5. 车辆追踪

凤凰城的 Sky Harbor 国际机场选择 Trans Core 公司为其设计车辆跟踪系统，这个系统采用的是 RFID 识别技术结合 GPS 定位技术，使机场可以对各种车辆进行全程跟踪。凤凰城的 Sky Harbor 国际机场是美国排名第六的繁忙机场，由于城市人口以每年 30% 的速度增加，所以机场需要提高管理水平。

该系统用于分析、监视、收集各种车辆的使用情况，从停机坪到巴士中心往返接送旅客的机场内部交通也包括在内。机场的地面交通服务有 4 种：定时班车、的士、预约服务以及域间交通。在机场范围的路面上，每天大约有 1500 个从业人员在从事各种作业。Trans Core 公司车辆跟踪系统可以让监管部门确定车辆的行驶线路，并对其进行监管，也可以根据安全需要进行定时监管或者满足其他特殊要求。该系统可以为各种运营车辆排定服务顺序，为机场今后的管理升级和加强对车辆的跟踪和安检做好准备。

Gatekeeper Systems 公司是 Trans Core 公司航空市场开发战略合作伙伴之一，将为此项目提供专用软件。Trans Core 公司从事 RFID 机场车辆管理技术开发已经多年，主要用于车辆出入管理、无线和信用卡事务处理。1989 年在洛杉矶国际机场安装第一个 RFID 系统，实现收益增加 250%，交通堵塞减少 20% 的效果。此后已经有 60 个机场安装类似的系统。根据盐湖城国际机场的估计，如果没有无线跟踪系统，机场工作人员至少要增加一倍或者两倍，才能满足联邦航空管理总局的临时强化安检要求。

6. RFID 技术解决安全问题

近年来模拟实验表明，美国机场的安检偶尔仍会漏掉枪支。机场应该达到的理想安全水平是：在机场的每个人、每个包，以及所有的物品和设备都能被识别、跟踪和随时定位。使用 RFID 技术可以实现此目的，目前要解决的是以合理的成本普遍推广的问题。

航空公司将利用 RFID 技术实现各种先进功能。比如将 RFID 芯片嵌入在行李标签中，满足安全甄别和提高机场处理行李的准确性，当数以百万的行李都被贴上这种标签后，所

有机场将被"连"在一起，形成一个使所有用户受益的服务管理体系。

最早的保安措施在距机场一公里之外就开始履行职责了，路旁的激光扫描器会探测车辆是否带有爆炸物。根据每种物质光谱的不同，将这些光谱与化学物质数据库比较，就能发现可疑物质，特别是炸药、毒品和生化毒剂。

旅客到机场遇到的第一关不再是票务人员，而是一个身份认证亭。装有面部识别软件的摄像机会为你拍一张快照，立即生成一张防破坏和防篡改的智能卡，上面的芯片存有航班号、登机口、达到时间和面部数据图像等信息，机场可以随时了解你的行踪，其实在此之前，你已经被悄悄地与一个恐怖活动嫌疑犯数据库对照过了。

旅客的行李和随身物品也会被贴上射频识别标签，以便随时被定位，标签还能够与智能卡对应，不会出现旅客没有登机而他的行李上了飞机的情况。行李检查也将应用激光扫描器，发现可疑行李后，能立即查找并能拦截到行李的所有者。但是，为了灵活机动地处理复杂的情况，机场指挥中心的安全专家和分布在机场各处的警察仍然必不可少。

7. RFID 与机器人结合

阿姆斯特丹 Schiphol 机场希望能通过行李搬运机器人结合 RFID 技术来解决转机过程中旅客行李丢失的问题。IBM 和 Vanderlande Industries 公司与阿姆斯特丹 Schiphol 机场签署协议，协助其安装一个新型 RFID 行李系统，增加处理大厅的容量。

IBM 提供了一套 RFID 行李管理系统，通过机器人和 RFID 技术来控制并跟踪每一个包裹，同时还将提供咨询、硬件、软件和应用开发等服务。该大厅中将有 6 个机器人处理行李，承担 60% 的装载工作，阿姆斯特丹 Schiphol 机场希望能实现每年 7 000 万件行李的转机量，机场把提高行李处理能力当作提高旅客满意度的一个重要步骤。这一高效的 RFID 系统将降低 Schiphol 机场的运营成本，并加速旅客在 Schiphol 机场的转机速度。

（四）实施 RFID 项目需要考虑的几个问题

RFID 技术可实现数据自动采集，并建立机场管理的基础数据库，提高了机场管理效率。

在机场实施 RFID 项目时，需要了解以下几个关键问题：

1. RFID 产品的标准

由于美国、欧洲等国的机场采用的是符合 EPC 标准的 RFID 技术，为了与其他机场实现互联互通，在选择 RFID 产品之前，需要确认 RFID 产品是否采用 EPC 标准。

2. RFID 系统的软件升级

RFID 系统在机场管理的应用不仅涉及本机场内部管理的问题，还涉及与其他机场管理系统互联互通的问题，比如旅客行李的识别必须要相互认证。为了保持与其他机场新建的 RFID 系统技术水平同步，RFID 系统软件必须保证能够不断升级。

3. RFID 系统的容量

机场 RFID 系统不仅要识别本机场携带有 RFID 标签的人员和物品，还需要识别来自世界各地带有 RFID 标签的人员和物品。因此要求 RFID 系统的容量要足够大，可以处理大量的数据。

4. RFID 系统的扩容

随着 RFID 技术的不断发展和完善，RFID 技术会逐步涉及机场管理的各个环节，这就要求 RFID 系统能够在原有系统的基础上不断扩展其功能和应用领域。

二、物联网 RFID 在公路领域的应用

城市发展导致城市机动车辆不断增加，从而使城市交通流量日益增大，由此带来交通事故频发、交通拥挤的问题已成为城市公共交通的软肋。为解决这类问题，近年来基于通信技术、自动化技术及计算机技术的交通管理系统得到了各国的普遍重视，其中基于射频识别技术的 RFID 公交管理系统进展最为迅速。

（一）RFID 技术在公交管理系统中的应用

RFID 是自动识别技术在无线射频方面的具体应用，其基本原理是利用射频方式进行非接触双向通信，以达到对物体识别和数据交换的目的。RFID 主要包括读写器和电子标签两部分，此外还包含用于数据发送和接收的天线部分。RFID 的重要特征参数是系统的工作频率和作用距离，通常把读写器发送信号时使用的频率称作射频识别系统的工作频率，把读写器能够识别物体的最大距离称为作用距离。

与早期的接触式自动识别技术不同，RFID 电子标签和读写器之间不用接触就可以自动识别。基于 RFID 的公交业务管理系统，可以对驾驶员每天劳动业绩的 8 个指标数据（车辆例行保养、行车公里、客运量、营业收入、油耗、修理、行车事故、行车服务）进行实时记录，"路单"变人工记录为"信息卡"输入，通过 RFID 的公交业务管理系统，驾驶员可随时查询自己每天、每月的劳动业绩。RFID 公交业务管理系统可以将上述 8 个数据实时传送到车队，用各种数据进行精确统计、考核、评比和奖励，改变了传统的粗放型管理，有利于管理部门对驾驶员劳动业绩进行量化分析，有利于管理部门根据每个驾驶员每天劳动业绩的 8 个数据进行统计分析。RFID 公交业务管理系统可以调整和修订企业内部的规章制度，优胜劣汰、奖勤罚懒，降低企业的运营成本。

1. 系统结构

基于 RFID 的公交业务管理系统由 RFID 标签、读写器、天线、服务器和信息终端组成，对于分散的始发站和终点站可采用 ADSL 或者无线网络技术实现互联。系统主要由出入场记录终端、始发站调度终端、票务管理终端、加油记录终端、维修记录终端、领导查

询终端、员工查询终端、网络管理终端和服务器组成。

RFID 公交业务管理系统在每辆车上安装一张 RFID 卡，在数据库管理系统中将该卡的 ID 号与对应的车牌号进行关联，形成电子车牌。车辆管理信息系统需要设置站调度、场调度、票务、加油、维修、领导查询、员工查询等客户端，并在场入口和出口各设置一个读写器，读写器与计算机终端相链接。当车辆通过出入口时，读写器自动识别车辆，同时将信息上传给计算机终端，计算机终端会存储该车辆出入场信息。

2. 管理功能

RFID 公交业务管理系统以驾驶员车辆管理为主，实现公交日常运营业务的管理。RFID 公交业务管理系统以电子路单为基础，收集公里数、油耗、票务、维修费用等各种信息，通过工作证号、工号、车号将若干个系统（发卡系统、人事系统、票务系统、车辆维修系统）集成，形成一个能全面反映公交运营状态的公交业务管理系统。

该系统的基本功能如下：①早晚进出场调度和始终点站调度的日常工作流程管理；②具有与发卡系统、人事系统、车辆维修系统和票务系统连接的数据接口；③领导查询；④员工查询；⑤各类统计报表；⑥按车、按人、按路单查询；⑦按个人信息、按电子路单、按日期查询。

（1）场调度

场调度系统根据行车时刻表自动生成每日行车计划表。驾驶员上下班后在读卡器上刷卡，场调度软件自动记录其上班时间，自动存储包括工号、当日路牌、车牌号、存油数等信息；驾驶员出车前，对车辆进行例行保养工作，填写默认例保完成记录；驾驶员出场时，RFID 读写器可识别到此车出场，并记录车辆出场时间。

驾驶员上班报到后，有场调度端软件生成新的电子路单，并实时存入当日路牌、车牌号、存油、驾驶员工号等基本信息。若车辆有问题不能出场或者驾驶员发现存油与实际不符，可以由场调度在软件中修改相应记录。出现异常情况时，允许由人工输入将数据补录，以保证数据的完整性。RFID 公交业务管理系统可实时对信息进行分类、汇总和统计，形成报表，供管理人员参考。

（2）始发站终点站调度

始发站和终点站负责车队的日常运营调度。车辆进入和离开始发站时，RFID 读写器自动识别车辆，对车辆进出站时间，运营线路等基本数据进行记录，并将相应的信息输入计算机。若系统有异常情况时，事后可进行数据补录，以保证数据的完整性。根据调度管理的需要，RFID 公交业务管理系统可分别统计计划营运公里数、计划空驶公里数、实际营运公里数、实际空驶公里数、损失公里数、安全公里数、实际运行和计划的异常情况对比表等信息。

（3）票务和加油

每天车辆下班进场后，需要对驾驶员的票箱进行清点，操作员将清点结果输入计算机。票款收入数据可以直接从公交卡读卡器中读取，最后按照车辆和驾驶员在一定时间段内的票款收入情况进行统计分析，形成报表。

加油时，根据 RFID 卡权限认证自动进行加油。加油数量由驾驶员输入，加油机按照数量进行自动加油，并将加油数据自动录入数据库。出现异常情况时，可由人工将数据补录，以保证数据的完整性。

（4）查询

①管理部门查询

按照不同的权限，既可以对整个车队、公司的运营状况、驾驶员信息进行实时统计查询，也可以按照工号、姓名、电子路单号、日期、驾驶员、车辆等信息对相应的内容进行查询。

RFID 公交业务管理系统可对某一时间段内的车辆的油耗、行驶里程、维修、事故等情况进行分类汇总分析。

②员工查询

驾驶员可以使用执勤卡刷卡查询个人基本信息。驾驶员登录后，能查询自己驾驶车辆的油耗、维修、行驶路程和电子路单等相关信息，也可以对历史路单进行查询，真正做到管理的透明化。驾驶员还能按照日期对某一时间段内自己的工作情况进行分类汇总。

3. 应用优势

与基于 GPS 的公交智能管理系统相比，RFID 系统在方向定位、投资成本、扩展性等方面都有比较大的优势。GPS 卫星定位虽然可以识别车辆，但是车载设备价格昂贵，信号不稳定，最主要的问题是目前国内商用 GPS 系统的卫星信号为国外控制，一旦因为政治或者经济冲突等原因失去信号来源，国内的 GPS 应用系统将面临瘫痪的危险。而 RFID 的智能交通解决方案不依靠卫星信号，保障了系统运行长期稳定的可靠性。GPS 在应用上必须结合 GIS 地理信息系统，不但增加了应用的成本，如果更新不及时，也会大大影响系统的准确性。另外 GPS 技术并不适合当车辆到达出入口时自动触发的应用。而 RFID 系统的技术不需要复杂的 GIS 系统配合，可以将主要的识别设备由车载移至固定的地面数据采集。在实现同等功能的情况下，RFID 电子标识卡安装在每辆公交车辆的成本明显低于 GPS 车载设备。

RFID 系统实施后，也可以为其他社会车辆提供增值服务，具有可观的附加经济效益。

从横向来看，基于 RFID 的公交管理系统和其他智能交通系统（ITS）有机整合，可以实现不停车收费、闯红灯拍照、车速监控等功能。从纵向来看，RFID 公交管理系统能为架构在 RFID 基础上的其他软件提供接口，给整体 ITS 提供更多的信息服务。如果利用 RFID 技术的红绿灯控制系统，可根据交通的具体情况让一些车辆优先通行，能在最大限度上保证城市运载主体运行通畅、快速和高效。

利用 RFID 的公交业务管理系统收集基础信息，通过与公交公司现有人事系统、车辆维修系统、发卡系统、票务系统连接，能使各级管理部门方便地按车、按人进行查询统计，并可利用采集到的基本信息进行分析总结，作为决策的依据。此系统可以将驾驶员的劳动业绩量化，改变了传统的检查、考核和评比方式，增强了每个驾驶员的责任心，也增加了公司各种规章执行的透明度，做到公平、公正、合理、合情，为构建和谐企业提供技术支持。

（二）美国双子城 RFID 公交车库定位和管理系统

美国明尼阿波利斯市和圣保罗市的 Metre Transit 公交公司，为明尼苏达州双子城周围地区提供公共运输服务，现在这个公交公司有 5 个公交总站采用 Ubisense 实时定位系统，这个实时定位系统使用的是 RFID 定位技术。

1. Metre Transit 公交公司以前采用的管理系统

在安装 Ubisense 公司的 RFID 定位系统之前，Metro Transit 采用的是基于 GPS 技术的车辆自动定位系统（AVL），利用 GPS 技术识别离开总站、沿 118 条公交线路行驶的汽车，Metro Transit 公司通过 AVL 系统实时监视车辆位置，追踪它们是否遵循各自的公交线路运营。

虽然 AVL 系统可以让调派员了解车辆在各自线路上的位置，但当车辆停在城市 5 处室内车库时，AVL 无法识别车辆的位置，这样工作人员不得不花时间亲自查看车辆，以决定哪辆车什么时候分配到哪条路线。为了简化这个流程，Metro Transit 公司开始寻求一套无线解决方案，最后选择了 Ubisense 公司的 RFID 定位系统。

2. Metre Transit 公交公司现在采用的管理系统

Metro Transit 公司拥有 900 多辆公交车，目前每辆公交车车顶都安装一个有源 RFID 标签，标签以每秒 4 次的速率发送唯一 ID 码，当标签的内嵌动作感应器检测到公交车处于静止时，标签进入休眠状态，停止发送 6 GHz ~ 8.5 GHz 信号，从而延长标签内部电池的寿命。

Ubisense 在车库内安装了多个 RFID 读写器，这样多个读写器可接收汽车标签发出的信号，信号通过以太网发送到一个中央主节点，后者根据多个读写器信号的强弱及信号接收的角度，计算各个标签的位置，从而确定汽车的位置。系统通过另一根电缆将这些数据发送到 Metro Transit 服务器，那里 Ubisense 软件接收和编译读写器信息，并在一张地图上显示各辆公交车的位置。

车库的面积平均达 400 000 平方英尺。Ubisense 面对的最大挑战是确保安装在天花板上的读写器读取标签信号，在天花板高度较低的情况下，柱子或公交车可能会妨碍信号的传输，因此 Ubisanse 有策略性地安装读写器，解决了这个问题。

这套系统通过分析至少两台读写器接收的信号，可在 5 英尺范围内精确定位车辆。主读写器配备微型计算器，完成原始的计算，接着发送数据到服务器，服务器中的 Ubisense 软件计算公交停放的车道及其位置。软件也可将 ID 码与车辆信息相对应，如尺寸、引擎类型、维修历史等其他信息。

3. Metre Transit 公交公司采用 RFID 管理系统的优点

Metro Transit 公司的调派员采用这套系统，早上无需离开办公室去查找车辆。机械工人采用这套系统，可快速定位需要维修的车辆。工作人员采用这套系统，可快速找到乘客遗失物品的车辆。另外，这套系统还可以让 Metro Transit 公司了解车辆离开和返回车库的时间，确认司机所汇报时间的正确性。

在一台计算机屏幕上，Ubisense 软件显示的一个平面图展示了车辆的位置和状态，蓝色按钮指示车辆属于其他车库，灰色按钮表示车辆已被分配到一条路线，扳手按钮表示该车要求或正在接受维修。如果用户移动光标到一个按钮，系统显示这辆车的详细资料。

Metro Transit 公司还将 AVL 系统集成进 Ubisense 软件，这样调派员只需登录 Ubisense 系统，就可以查看停在室外或室内车库的车辆。

迄今为止，Metro Transit 公交公司对这套系统非常满意，认为它大大提高了运营效率。

（三）停车场 RFID 不停车收费智能化管理系统

近年来，各类车辆特别是私家车的快速增长，已经成为经济水平提高的重要标志，同时交通基础设施的建设和各种车辆的安全管理，也成为每个城市建设规划者日益面临的一个重要课题。针对高档社区、企业和机构对智能化停车场的需求，奥斯达电子有限公司推出了 RFID 智能停车场管理系统，以实现车辆自动识别和信息化管理，提高车辆的通行效率和安全性，同时可统计车辆出入数据，方便管理人员进行调度，有效防止收费漏洞。

1. 项目特点

RFID 智能停车场管理系统具有很高的自动化控制功能，抗干扰能力强、准确率高，在实施过程中安装工程量小、抗损坏力强，具有抗高低温范围宽、抗油污能力强等实用特点。

另外，整个系统灵活机动，十分容易搬迁或扩容。对于大型管理区域，通过划分区域的手段，在每个区域出入路口增加读写器，可实现全区域无人自动化管理。也可以通过保安人员手持便携式读写器，通过巡逻统计数据。出于更为安全的考虑，可采用人车两卡分离（尤其适合于长住户），识别系统只有在车载卡、主人卡对比辨别相符后才能生效，使安全管理更为有效。

2. 系统功能

RFID 智能停车场管理系统主要包含两部分，一部分为读写器，它可安装在车辆出入口的上方；另一部分为电子标签，系统为每一停车用户配备一张经过注册的 RFID 电子标签，它可安装在车辆前挡风玻璃内适当的位置，该标签内有身份识别代码。

当车辆到达小区入口 6~8 m 处时，RFID 读写器检测到车辆的存在，验证驶来车辆的电子标签身份代码（ID），ID 以微波的形式加载并发射到读写器，读写器中自带的信息库预置了该车主 RFID 电子标签的 ID 码，如果读写器可以确定该标签属于本车场，则车闸迅速自动打开，车辆无需停车便可顺利通过，整个系统响应时间仅 0.9s。

（1）系统构成

RFID 智能停车场管理系统由附在车体上的 RFID 标签、车库出入口的收发天线、读写器、由读写器控制启动的摄像机、后台管理平台及内部通信网络等构成。

该管理系统由以下设备构成：

①中央控制室设备：计算机、管理软件等。

②入口设备：入口通信器、栏杆机、RFID 读写器等。

③出口设备：出口通信器、栏杆机、RFID 读写器等。

④RFID 标签：与注册车辆数相同。

（2）功能说明

当车辆通过出入口时，RFID 标签被激活，发射出表明通过车辆身份的代码信息（如车牌号码、车型类别、车辆颜色、车牌颜色、单位名称及用户姓名等），并同时接受检验信息和录像存储信息。通过信息存储（入库）或信息对比（出库）确认后，控制出入口的挡车栏杆动作。出入库读写器接收信号后，经过处理传输到计算机系统，进行数据管理及存档，以备查询。

RFID 智能停车场管理系统能够为停车场提供独立的、不间断的服务，确保只有经过许可的车辆方可通过，实现了停车和收费的数字化管理。

RFID 智能停车场管理系统可实现的功能如下：

①实现对场地中所有车辆的监控。

②实现计算机管理车辆信息。

③在无人值守的情况下，系统自动记录出入车辆的时间和车牌号码。

④问题车辆的报警。

⑤通过便携读写器采集，完全掌握车库状况与车辆停车位信息。

⑥加强对迟交停车租费车辆的控制管理。

3. 性能指标

RFID 智能停车场管理系统的性能指标如下。

（1）工作频率

国际标准（920MHz~925MHz）、美国标准（902MHz~928MHz）或定制其他频段跳频或定频工作。

（2）支持协议

ISO18000-6B，ISO18000-6C（EPC GEN2）。

（3）跳频方式

广谱跳频（FHSS）或定频，可由软件设置。

（4）工作方式

定时自动读卡、外触发控制读卡或软件发命令读卡，读卡方式可设置。

（5）射频功率

0~30dBm，软件可调。

（6）读卡距离

识别距离调制范围：1~12m。

（7）读卡灵敏度

双极化方式读卡。

（8）读卡时间

单标签 64 位 ID 号读取时间小于 6ms。

（9）天线参数

内置极化天线，增益 12dB。

（10）支持接口

RS485、RS232、Wiegand26、Wiegand34、RJ45。

（11）工作电压和工作温度

DC+12V；－20℃~+80℃。

（12）外形尺寸

227mm×227mm×60mm 或 450mm×450mm×120mm。

（四）RFID 智能卡京津城际列车公交化系统

京津城际列车已经实现公交化运营，旅客基本上可随到随走，反复购票不仅耗费旅客时间，也增加了车站的工作量。为方便旅客快速进出站，为旅客提供更加便捷、高效、舒适的服务，提升旅客忠诚度，按照铁路部门的总部署，发行了京津城际列车的 RFID 快通卡，可实现旅客直接刷卡乘车。

1. 京津城际铁路公交化发展趋势

以北京、天津为中心的环渤海地区是我国经济发展最快、最具活力的地区之一，京津两地人员往来十分频繁。京津铁路全长 120 公里，沿途设北京南、亦庄、武清、天津等 4 个车站，预留永乐站，沿途站都是北京、天津的开发区或卫星城，客流会非常大，而且存在工作、居住、休闲等多种出行需要。

线路投入运营后，列车最小行车间隔为 5 分钟，城际铁路完全达到了公交化运行的标准。另外，乘客在乘坐京津城列车时还能享受到自动检票系统、自动客运公里系统、列车调度系统等高科技服务，乘客从走进车站那一时刻起，就能按照系统的提示选择车次和车站，并根据客运管理系统提示进站上车、到站下车。

2. 京津城际铁路快通卡项目建设原则

RFID 射频卡在国内外的轨道交通运营中已得到广泛的应用，已成为提高运营管理效率和水平的重要手段。京津城际快通卡系统在借鉴其他交通领域 RFID 射频卡应用成熟经验的基础上，研发了适应中国铁路特点的快通卡系统。

京津城际快通卡项目将遵循"统筹规划、分步实施、先试点、后推广"的基本原则进行建设，坚持以旅客为中心的思想，系统设计符合铁道部有关 RFID 技术规范和相关规定，符合中国人民银行金融集成电路卡应用规范及国家有关规定和标准，统一平台、统一标准、统一流程。

3. 系统总体结构

京津城际铁路快通卡系统的建设目标是实现快通卡的一卡多用，多地使用，建设城际铁路电子支付平台示范工程，统一发卡，统一清算。以非接触 RFID 卡为支付手段，一方面方便市民快速乘坐城际轨道交通，促进窗口购票、自动售票机购票、商户网点购物等领域消费；另一方面该系统可实时准确计算和统计各铁路局的营运收付信息，保障各级管理单位的利益，提高工作效率和服务效率，最终为宏观调控及高铁建设提供科学的决策支持及现代化的管理手段。

（1）项目的实施内容

①开发并部署具备基本管理功能的快通卡系统软件，实现发卡、售卡、充值、换卡、退卡等业务的账户管理功能；

②在京津城际各站设立快通卡服务窗口，为旅客提供售卡、充值、换卡、退卡等客户服务；

③改造京津城际各站自动检票系统。在指定自动检票机上加装非接触式快通卡处理模块，支持旅客到检票机上刷卡检票，并升级改造自动检票系统软件，实现快通卡检票存根的采集和传递；

④完善客票系统，实现快通卡检票存根的采集并汇总到路局客票中心，在各站查询中心完成客运收入的数据统计。

（2）系统的业务流程

快通卡系统主要完成以下业务：

①快通卡系统统一对 RFID 射频卡初始化，完成发卡。

②快通卡服务窗口为旅客提供购卡、充值、换卡、退卡等服务。

③旅客持卡在自动检票机上刷卡检票，系统可记录进出站检票存根。

④自动检票系统实时采集快通卡检票存根。

⑤自动检票系统将快通卡存根自动上传客票系统。

⑥客票系统完成快通卡存根的汇总。

⑦快通卡系统接收从客票系统传过来的检票存根，验证数据的合法性，完成账户管理和统计。

4. 系统设计

（1）快通卡选型

京津城际铁路快通卡的应用主要是电子钱包消费，通过卡片安全性、扩展性、使用便捷性等多方面综合比较，决定采用清华同方非接触式 RFID 射频卡。

京津城际铁路快通卡参数指标如下：

①符合 ISO/IEC14443 非接触式智能卡标准。

②8 位 CPU 内核、14K 字节 ROM 存储器，8K 字节 EEPROM 存储器、具有硬件 DES/TDES 加密解密处理器。

③支持多应用防火墙，支持内外部双向认证，符合 ISO/IEC14443 中描述的防冲突标准，支持防插拔处理和数据断电保护机制。

④工作频率为 13.56MHz，最大 106kbit/s 通讯速率，读写距离 0~10cm。

⑤交易为标准 PBOC 电子钱包交易，交易时间小于 80ms，保存时间最短 10 年。

⑥擦写次数至少 10 万次。

⑦工作温度的范围为－25℃～+70℃。

（2）卡务管理

①发卡

通过发卡设备完成快通卡的初始化。在快通卡内写入基础信息，并在卡面上打印卡号，同时在系统数据库中建立卡账户，账户状态为未启用。发卡完成后，快通卡可以在服务网点发售，账户状态改为启用。

②售卡

快通卡服务窗口向旅客发售快通卡，旅客需要交纳快通卡押金。

③充值

快通卡中设有电子钱包。充值交易实际上是一个旅客预缴费的过程，旅客在快通卡服务窗口进行充值时，系统将充值金额写入电子钱包，同时记录在卡账户中。

④退卡

退卡是指旅客持卡到快通卡服务窗口退卡，只有能正常读写和未锁定的快通卡才允许退卡。操作员刷卡查询账户信息，完成卡账户处理，并退还卡内余额。

⑤损坏卡处理

旅客发现快通卡损坏后，应对损坏卡登记。2 天后可进行坏卡销户或换卡。坏卡登记时，应检查快通卡是否为人为损坏，以确定押金处理方式。

换卡是指因快通卡损坏，旅客在快通卡窗口重新办理一张快通卡，操作员将旧卡账户中的余额转入新卡，并根据坏卡记录确定旅客是否需要再次缴纳押金。

坏卡销户是指旅客在快通卡服务窗口取回已损坏快通卡的余额，根据坏卡登记记录确定是否退还押金。

⑥卡解锁

当快通卡被锁定时，旅客持卡到快通卡服务窗口进行解锁后，方可再次使用。解锁时，系统根据卡内部交易记录进行扣款。

（3）交易数据清算及统计

交易数据清算可以实现卡充值、卡消费、退卡等多种交易数据的统计，目的是为了保证铁路快通卡检票收入的准确性。

①交易合法性验证

系统接受交易数据后需要进行交易合法性验证，以确认交易数据有没有被篡改和丢失。

②清算处理

交易数据若未能通过合法性验证，将作为可疑交易数据，通过人工方式进行处理。若通过验证，则修改卡账户金额，同时统计各闸机、各车站的运营收入。

（4）自动检票系统改造

为了满足京津城际铁路快通卡的使用，京津城际自动检票系统需要进行改造，实现快通卡刷卡检票与快通卡系统数据交换等功能。

①自动检票机硬件的改造

通过对自动检票机硬件进行改造，可实现快通卡刷卡检票。改造方法是在自动检票机内增加一个独立的快通卡处理模块，负责完成快通卡检票交易流程。快通卡处理模块根据指令完成卡片交易流程，并将结果返回自动检票机。

②检票及计费规则改造

检票及计费规则支持根据系统设定的参数进行进站刷卡和检票人数的控制。旅客进站刷卡检票时，默认乘坐当前正在检票的、开车时间最近的城际列车。刷卡进站时，首先确认卡是否有效，并记录进站检票存根。刷卡出站时，按进出区域计算票价，扣款及记录出站检票存根。

（5）对刷卡检票非正常情况的处理。

①从进闸口出站系统设置时间控制、默认扣款站、扣款方式（单程或往返）和计费方式（免费或站台票）等参数。出站闸机判断进出站检票时间间隔，如超过时间控制参数，按默认扣款站、扣款方式的参数设定值进行扣款，否则免费（清除当次入闸记录）或按站台票扣款。

②非进闸站出站系统设置时间控制、默认扣款站、扣款方式（单程或往返）等参数。出站闸机判断进出站检票间隔，若超过时间控制参数，按默认扣款站、扣款方式参数设定

值进行扣款。

③进站时卡损坏或进站正常刷卡、出站时卡损坏旅客到快通卡服务窗口进行坏卡登记。操作员在系统中进行坏卡登记操作并打印坏卡特征，坏卡收回，旅客两天后可持坏卡凭证到快通卡服务窗口办理换卡。

④进站正常刷卡，出站时卡丢失

按无票上车相关规定办理。

⑤出站未刷卡

快通卡在进站时已锁定，无法进行任何消费，旅客需至快通卡服务窗口解锁，并按快通卡内乘车预扣金额进行扣款

⑥刷卡后未通过自动检票机

旅客再次刷卡时，若在系统设定时间内，自动检票机提示重复刷卡，可通过人工通道进出站。

⑦出站时发现进站未刷卡

按现行出站补票相关规定办理。

⑧因铁路责任取消乘车

通过专门通道进出站，并到快通卡服务窗口清除当次入闸记录。

⑨出站闸机故障无法刷卡

旅客到快通卡服务窗口办理卡解锁，并按乘车票价进行扣款。

5. 系统实施效果

京津城际铁路快通卡项目采用了同方股份有限公司自主研发的非接触 RFID 射频卡、读写设备、嵌入式模块、RFID 射频卡管理清算系统，该系统适应中国铁路的特点，具有自主知识产权。京津城际铁路快通卡项目使用初期发卡量已突破 5 万张，具有储值、支付等功能，同时支持联机充值和脱机消费，并且具有很好的安全性。京津城际铁路快通卡项目可以为旅客提供更加便捷、高效、舒适的服务，提升了旅客的忠诚度，提高了铁路运营效率和管理水平。京津城际铁路快通卡项目已经成为高速铁路公交化的典范，高速铁路从此进入刷卡乘车时代。

第二节　物联网 RFID 在制造与物流领域的应用

对于大型制造企业，只有科学的管理才能提升企业整体效益，而科学的管理必须依靠实时准确的产品数据。物联网 RFID 技术能够实现产品数据的全自动采集和产品生产过程的全程跟踪，可以为大型制造企业的科学管理提供实时准确的产品数据。

在物流领域，需要对商品进行精细管理，商品信息的准确性和及时性是物流领域管理

的关键。RFID 技术具有非可视阅读、数据可读写和环境适应性强等特点，可以实现商品原料、半成品、成品、运输、仓储、配送、上架、销售和退货处理等所有环节的实时监控，不仅能极大地提高自动化程度，而且可以大幅降低差错率，从而显著提高供应链的透明度和管理效率，被认为是 RFID 将来最大的应用领域。

一、物联网 RFID 在制造领域的应用

制造业作为我国工业的主体，面临着国际和国内市场的激烈竞争，近年来市场对制造业的要求逐渐苛刻，单纯软件管理已不能使制造业的生产达到理想状态。制造业由于无法实时传输生产绩效和生产跟踪的统计数据，导致缺乏供应链内的生产同步，管理部门无法对生产、仓储和物料供应等实施精确规划，造成生产线上经常出现诸如过量的制造、库存的浪费、等待加工时间、大量移动物料等问题。解决这些问题的关键是如何采集实时产品数据，由于缺乏实时、精确的生产数据源，企业资源计划系统（Enterprise Resource Planning，ERP）的强大功能无法从真正意义上实现，反而造成其他管理部门工作量增加，带来了新的浪费。

RFID 系统通过无线收发，可以在无人工操作的情况下实现自动识别和信息存储，能够解决生产数据的实时传输和实时统计。RFID 系统在制造业的应用多数属于闭环应用，芯片可回收、可重复使用，不存在成本问题，应用越多成本就降得越低。在 RFID 技术这种"非接触式"信息采集方式中，电子标签充当了"移动的信息载体"，这迎合了制造业生产流程和管理模式的需求。RFID 的一个直接作用就是解放劳动力，消除生产过程中的人为因素，能够准确、快速、可靠地提供实时数据，明显改进和提高了制造过程的各项关键性能，这对大批量、高速生产的制造企业特别重要，经济效益十分突出。

（一）物联网 RFID 在制造业中的作用

随着工业化大规模生产的发展，生产过程不断优化，需要在同一条生产线生产不同种类的商品，这就要求生产线能够在每个生产岗位明确地表示产品的当前状态，以便能够正确地执行操作工序。

流水线最初使用产品工艺卡在产品生产线上传递，操作人员通过工艺卡可以读到自己生产岗位的所有信息，这种人工操作方式经常出现误差，影响了产品的质量。RFID 技术不仅可以在电子标签中读出产品的当前状态（例如加工进度、质量数据），而且还可以读出产品以前执行过的操作和产品以后将要执行的操作。RFID 技术能够实现产品生产过程的全自动跟踪，可以把产品的全部操作信息写入 RFID 标签，RFID 标签将获取到的数据信息传给 RFID 读写器，读写器通过中间件实时将数据信息传送给企业现有的信息管理系统。这样企业就可以实现更高层次的质量控制，从而增强了生产力，同时也提高了资产的利用率。

1. 制造企业传统的管理状况

在传统的制造企业，在生产线的每个固定岗位都进行相同的工序，生产的都是功能和外形单一的产品。管理主要集中在产品管理、质量管理、仓库管理、车队管理和售后服务管理等，这些部门通过人工记录传递数据，使得企业的生产过程产生了大量的错误数据，影响了产品的质量。

企业传统的运行模式产生的问题如下：

（1）物料跟踪

物料跟踪需要人工记录，资产管理部门收到的记录资料在时间上存在延迟。资产管理部门根据记录资料提出的解决方案，通过人工传送到生产层，又产生一个时间的延迟。由于无法获得产品生产过程的实时信息，资产管理部门无法科学地配给生产线所需的物料，经常产生物料供给不足或物料过剩的现象，增加了生产成本。由于人工记录经常出现误差，在生产线上出现报废的零件时，无法及时追溯，影响了产品的质量。

（2）仓储管理

仓库货物的存储和出入都依靠人工记录，仓库的信息不能实时传送，管理部门无法了解生产、销售和物料供应的实时信息，影响了企业的科学管理。由于仓库的人工记录会有误差，资产管理部门需要定期对库房产品进行盘点，这又浪费了大量的人力。由于没有生产和销售的实时信息，同时又必须满足生产安全存量的要求，这会导致产品存量过多，往往需要花费更高的成本。

（3）数据采集

人工采集的数据通常在下一个工作日才能传给管理部门，由于管理部门没有实时产品生产信息，无法对生产线上的每个产品进行管理和监控，只能通过对产品抽样的方式来检查某个产品批次的质量，使得企业无法实施对产品质量的精细管理。如果生产线上生产的是不同型号的产品，人工记录产品信息的方式对物料的供应和产品的质量影响会更大。

（4）销售管理

产品的销售过程涉及到仓库管理的出货、换货和退货，如果依靠人工的方式记录销售信息和货物的进出信息，会大大降低企业的销售效率。同时，由于管理部门无法获得实时的销售信息，管理部门也无法科学地安排生产，降低了企业现金的周转周期，增加了企业的生产成本。

（5）资产管理

由于不能实时得到生产线运行的历史资料，资产管理部门无法确定运行设备的维修养护时间。由于没有实时仓库货物信息和生产信息，资产管理部门无法及时准确安排生产线的物料供应。人工记录的资产信息出现差错的可能性较大，资产品种的数量与位置关系不能相互对应，因此经常需要查验资产，这种查验的过程要耗费大量人工，增加了企业的生产成本。

2. 采用 RFID 技术后制造业的管理状况

美国制造研究机构在一份研究报告中指出，精确和实时的预测能明显提高供应链的性能，可以减少 15% 的库存量，完成的订单率可以提高 17%，现金循环周期可以缩短 35%。

RFID 技术正在改变制造业传统的生产方式，通过中间件将 RFID 系统与企业现有的制造执行系统和制造信息管理系统连接，制造商可以实时地获取产品在生产各个环节中的信息，为企业制定合理的生产计划提供科学的依据。RFID 技术的应用将会对制造业的信息管理、质量控制、产品跟踪、资产管理以及仓储量可视化管理产生深远的影响，RFID 技术将大幅度地提高生产率和节省生产成本。

（1）制造信息实时管理

对制造商来说，生产线及时且准确的反馈信息是十分重要的。以往只能通过人工统计出这些信息，费时费力，且不能做到非常精确。RFID 技术可以实现对生产线上的产品全程跟踪，自动地记录产品在生产线各个节点的操作信息，并能将这些信息实时地传递到后台管理系统，这样管理部门就能及时了解生产线的生产情况，甚至某个产品所在的位置，可以实现更高层次的质量控制和各种在线测量。

通过 RFID 中间件，制造商可以将 RFID 系统与企业现有的制造管理系统相连接，可以建成功能更为强大的信息链，管理部门可以随时获得生产线上产品的准确信息，为企业制定合理的生产计划提供科学的依据，从而可以增强生产力，提高资产的利用率。

（2）同一生产线制造不同种类的产品

RFID 系统可以提供实时产品信息，有了这种及时准确的产品信息，使产品的合同化生产变得简单方便。如果有一批甚至数批合同产品，需要在同一流水线进行加工生产，按照传统的生产方式，先生产同型号的产品，然后将生产线停机，调整生产线后再生产另一型号的产品，这样即浪费了时间和人工，又延误了工期。采用 RFID 系统后，可将不同型号的产品进行编码，写入 RFID 标签内，当不同型号的产品进入加工点时，通过读取 RFID 标签内的信息，即可以确认加工哪种型号的产品，应该执行怎样的操作，这样即提高了劳动生产率，又增加了企业效益。

（3）产品实时质量控制

RFID 系统提供的实时产品信息可以用来保证正确的使用劳动力、机器、工具和部件。具体地讲，就是当材料和零部件通过生产线时，可以进行实时控制。RFID 系统还能提供附加的产品信息和对产品实施在线测试，从而保证了对产品执行的操作满足生产标准的要求，确保生产线上每个产品的质量稳定可靠。

（4）产品跟踪和质量追溯

RFID 系统可实现产品在生产过程中的全程自动跟踪，可以自动记录产品在生产线各个节点的所有信息。对于有质量瑕疵的产品，通过 RFID 系统提供的产品信息以及产品在线测量的结果，很容易发现产品在哪个环节出现了问题。

如果由于疏忽，导致有质量问题的产品进入市场。通过 RFID 系统提供的产品生产和流通信息，质量管理部门就可以查询到该产品的生产厂商、生产日期、合同号、原料来源和生产过程等信息，从而可以采取相应的措施改善产品的质量。

（5）资产管理

RFID 系统可提供生产线上设备的运行状态、工作性能和安放位置等信息，资产管理部门可以根据这些信息合理调配劳动力的使用，科学地安排生产线上设备的养护和维修，把设备的工作性能调整到最佳工作状态，有助于提高资产的价值、优化资产的性能、最大化地提高资产的利用率。

（6）仓储量可视化

随着工业化进程的加快，企业按合同制造变得越来越重要。能否获得产品在供应链和制造过程的实时准确信息，就成为企业进行科学管理和科学规划的关键。RFID 系统可以实现产品的物料供应、生产过程、包装、存储、销售和运输全程可视化，管理部门可以根据这些信息，科学地规划物料供应，合理地安排生产线的生产，保证仓储量在一个合理的水平，减少企业的运行成本，增强企业的经济效益。

（二）物联网 RFID 在德国汽车制造领域的应用实例

德国 ZF Friedrichshafen 公司是全球知名的车辆底盘和变速器供应商，在全球 25 个国家设有 119 家工厂，约有 57 000 名员工，公司 2007 年的财政收入达到 195 亿美元。在 ZF Friedrichshafen 的工厂里，公司为 MAN 和 Iveco 等品牌的商用车辆生产变速器和底盘，越来越多的卡车制造商要求 ZF Friedrichshafen 公司不仅要准时供货，而且还要按生产排序供货，因此 ZF Friedrichshafen 公司希望提高生产流程，实现在正确的时间按正确的顺序运送正确的产品给顾客。

ZF Friedrichshafe 公司引进了一套 RFID 系统来追踪和引导八速变速器的生产。这套 RFID 系统采用 Siemens RF660 读写器和 Psion Teklogix Workabout Pro 手持读写器，通过 RF-IT Solutions 公司生产的 RFID 中间件，与 ZF Friedrichshafe 公司其他的应用软件连接。现在，ZF Friedrichshafe 公司实现了生产全过程的中央透明管理，从而扩大了公司 RFID 的应用规模，提高了公司的经济效益。

1. 变速器标签

ZF Friedrichshafe 公司在这个新项目之前采用的是条码识别产品，但条码在生产器件过程中容易受损或脱落，公司需要一套可识别各个变速器的新方案。

针对这个 RFID 新项目，ZF Friedrichshafe 公司专门设计了一个新的生产流程，通过对 RFID 标签进行测试，确认其可以承受变速器恶劣的生产环境。ZF Friedrichshafe 公司将 RFID 技术直接引入生产流程，建立了一条八速变速器的生产线，设置了 15 个 RFID 标签读取点，通过获得标签存储的信息，来控制生产的全部流程。

ZF Friedrichshafe 公司自己或者委托供应商浇铸变速器的外壳。当 ZF Friedrichshafe 公司或者供应商浇铸变速器的外壳时，外壳安置一个无源超高频 RFID 标签嵌体，标签将安装在嵌体里，嵌体符合 EPC Gen2 标准。

无源超高频 RFID 标签带有 512 字节的用户内存，标签存储着与生产相关的数据信息，该数据信息包括变速器的识别码、序列号、型号和生产日期等。

2. 标签在生产线上

一旦标签应用于变速器上，ZF Friedrichshafe 公司或者供应商将采用手持或固定 RFID 读写器测试标签，并在标签里存储浇铸信息。稍后，ZF Friedrichshafe 公司或者供应商将采用读写器识别变速器外壳，再将变速器送往生产线上。

在生产线上，ZF Friedrichshafe 公司在 3 个生产阶段共识别外壳约 15 次，包括机械处理、变速器集装和检测等。据澳大利亚 B&M Tricon Auto-ID Solutions 商务方案经理 Jürgen Kusper 称，B&M Tricon Auto-ID Solutions 部门负责项目的筹划和集成。

在全自动生产线的多个点上，ZF Friedrichshafe 公司采用远距离读写器或读写站来读取标签，并获取可以改变特定变速器生产流程的信息。举个例子，在读写站可以升级标签数据，如补充生产状态信息等，同时在读写站获取的工艺参数和测量值，可能被用于定制生产流程。

在生产的最后阶段，各个变速器装满油，进行运行测试。上述生产数据保留在 ZF Friedrichshafe 公司的服务器上，用于诊断和过程监测，如果产品发生问题，可以用于生产追溯。一旦变速器通过测试，系统接着对 RFID 标签写入序列号，标签仍保留着生产运行信息，标签的这些信息可用于质量追溯。

3. RFID 变速器系统的优点

八速变速器 RFID 系统于 2009 年年初开始实施，ZF Friedrichshafe 公司希望由 RFID 标签控制的生产线每年可生产 100 000~200 000 件变速器。ZF Friedrichshafe 公司称，这套系统的主要收益是稳定、低成本、变速器的唯一识别及生产能力控制。

（三）物联网 RFID 在美国电路板制造领域的应用实例

美国加州圣克拉拉电路板制造商 NBS 公司的布线历史，可以追溯到 20 世纪 80 年代中期，NBS 公司 PCB 布线业务非常专业，在组装工艺中提供的服务卓有声誉，拥有大量的分包制造商客户，专长于试生产、中型技术和高技术产品，在电路板组装方面有良好的业绩。

现在，NBS 公司在电路板集成机器的元件卷上采用 RFID 标签，追踪电路板上的具体元件及其位置。通过监测这类信息，公司不仅能确定安装元件位置的正确性，也存储了集成电路板的相关数据，便于在元件发生故障或制造商召回情况下有相应的数据可追溯。

1. RFID 标签对电路板质量的作用

NBS 公司为各类用户提供电路板，电路板的质量是 NBS 公司最关注的问题之一，在很多情况下，电路板的正常运行事关重大。例如，NBS 公司为医疗植入设备制造商提供心脏起搏器电路板，这些电路板正常工作与否性命攸关。

元件送达集装工厂时，是以"磁带和卷轴"的形式包装。卷轴的设计使自动贴片机进料更加方便，可以将元件直接放置在电路板上。NBS 公司每个元件卷都装有 RFID 标签，标签的序列号与元件的编号、批次号以及其他特定的信息相对应，公司采用一套严格的制衡体系，确保电路板（含 100~200 个元件，如电阻器、电容器、开关和 LED 等）的正常集成。

NBS 公司现在采用 Cogiscan 公司的 RFID 技术和 Juki IFS-X2 智能进料系统。生产之前，工人将每个元件卷装载到各自的进料器，进料器是一种固定装置，进料器将元件一个接一个送到集成机器，制成集成电路板。

当一辆小拖车被插入到一台电路板集成机器时，系统采用 RFID 确认所有进料器和元件是否处于正确的位置。几个工人对元件卷贴片紧密监视，确保每个元件都安装在小拖车的正确槽孔中，接着再将小拖车插入一台电路板集成机器里，确保元件安装在集成电路板的正确位置。集成完成后，工人需要对电路板进行一系列检查，再次确认元件已经安装正确。上述所有信息都存储在一个中央数据库里，以便实时监督检查。

2. RFID 标签对电路板追踪的作用

NBS 公司一天通常会生产 5 000 块电路板，机器的设置和小拖车的元件卷经常需要更换，这使得追溯过程变得更加复杂。如果某个元件发生故障，被制造商召回，NBS 公司很难判断该元件的来源和所在批次，也无法追踪采用这些元件的电路板。

现在，NBS 公司在送料器上装有一个专用的 125kHz 低频 RFID 标签，当元件卷装载到进料器时，操作员利用一台手持读写器扫描元件卷和进料器的 RFID 标签，并在数据库里将它们对应起来。小拖车上的读写器配备一列小天线（一个进料槽一支小天线），当进料器装载到小拖车时，读写器读取标签的唯一标号，接着发送信息给公司后端监控系统，根据读取该标签 ID 码，即可确定天线的位置，进而判断元件卷放置的具体槽位。

系统根据集成电路板的类型，可以判断元件卷是否被正确安装在槽内。一旦配置正式生效，小拖车将被插入机器内，一些机器可以一次性接受 4 个小拖车。当小拖车安装到位时，系统再次使用 RFID 确认所有进料器和元件卷是否在正确位置，如果发现某个元件卷处于错误槽位，机器会停止集成，显示屏会闪动一个报警，告诉工人移去错误元件卷，重新安装。通过 RFID 系统，公司就可以记录具体电路板，并记录元件卷安装在电路板上的位置。在生产的最后阶段，系统将所有数据写到一个与电路板序列号相对应的文件里，如果电路板出现问题，就可以方便的进行追溯。

（四）各国用于制造业的 RFID 产品实例

1. 日本 OMRON 公司的 RFID 产品

日本欧姆龙（OMRON）公司推出了基于 RFID 技术的 V600、V700、V720 和 V740 等几个系列产品，包括电子标签、读写器、天线和编程器等几个部分，这些产品满足 ISO15963 标准。

作为汽车行业 RFID 解决方案的领头品牌，OMRON 公司 RFID 应用方案在汽车制造领域得到了广泛的应用，如在汽车涂装、焊装和总装中。OMRON 公司的 RFID 标签可以用于辨别工序、颜色和编号等，用来记录各种相关的汽车加工数据，可以提高汽车制造的生产效率和信息管理的安全性。

新一代的 V740 系列产品符合 ROHS（即在电子电气设备中限制使用某些有害物质指令）标准。V740 系列产品有高级接口与传统的 RFID 产品兼容，用户可以方便地使用这些符合 ROHS 标准的型号，以替代上一代的 RFID 产品。V740 系列产品包含有 RFID 读写器、天线、RFID 编码器、EPC 软件、指示灯和天线底托等，用户可以通过编码器对 RFID 标签进行编码。

V740 产品还包含 4×6 英寸的 RFID 智能标签，用户可以对 RFID 智能标签发出命令，并生成 RFID 标签打印命令。

2. 德国盖博瑞尔公司的 RFID 产品

德国盖博瑞尔公司的 RFID 产品主要包括 868MHz/915MHz 有源和无源系列标签、读写器和中间件。RFID 读写器的识读距离可达 100～500m，在有效范围内可同时识读 2 000 个标签，每秒识读 100 个标签，可在 280～300km/h 的高速状态下准确识读。

盖博瑞尔公司 i-Q32L/EU-DI 系列的标签是智能长距离有源产品，i-Q32L/EU-DI 系列标签发送和接收的距离都达到 100m 以上，使用手持式和固定式读写器都可以准确识读。该系列标签功耗低，有效工作时间可超过 6 年，标签采用先进的防冲撞技术，可以在同一个区域内同时识别数千个标签，标签的最大容量可达 32 千字节。该系列的标签可用在汽车生产线上，用于对零件的识别和管理，也适合对高价值产品进行跟踪或进行人员管理。

盖博瑞尔公司的 LUR2000 无源标签可用在部件生产线、车身装配车间和油漆车间，用于记录、辨别工序和辨别颜色等。LUR2000 无源标签的读写距离可达 5m、可读取满足 ISO18000-6B 标准和 ISO18000-6C 标准的 RFID 标签，具有防冲撞功能，可在天线覆盖范围内快速读取大量标签，具有缓冲读取模式及通知信道进行数据过滤的功能。LUR2000 无源标签可以增强生产工序操作的准确性，提高汽车生产的质量。

3. 中国深圳远望谷公司的 RFID 产品

深圳远望谷公司是中国领先的 RFID 产品和解决方案供应商，自 1993 年起就致力于

RFID 技术和产品的研发，借助中国铁路车号自动识别系统，开创了国内 RFID 产品规模化应用的先河。远望谷公司拥有 70 多项 RFID 专利技术，可为资产追踪、物流、供应链、机动车辆和服装等多个领域提供高性能的 RFID 解决方案。

深圳远望谷公司现有 5 大系列、100 多种具有自主知识产权的 RFID 产品，可提供包括远望谷 XCRF-860 型固定式读写器，符合 EPC C1G2（ISO 18000-6C）标准，具有优异的读写性能、超强的多标签阅读能力以及带标签匹配和重复标签过滤功能，每秒可读取 120 张符合 EPC C1G2 标准的电子标签，稳定读取距离最远可达 10m。该读写器内置 Web 访问界面，可通过 IE 游览器连接到读写器，能够进行远程配置。该读写器能提供系统日志，具有读写器故障远程诊断和现场维护功能。XCRF-860 型固定式读写器读写性能卓越，支持密集型阅读模式，是一款高性能、智能型阅读器，特别适合于大规模批量组网，可广泛应用于产品制造、物流跟踪、资产管理和供应链管理等领域。

远望谷公司自行研发的 XCRF-510 型发卡器，符合 18000-6B 标准，是一款天线内置的一体化读写器。该读写器既可以写电子标签，也可以作为近距离读写器读取标签信息，其读卡最大距离为 0.1m。该读写器外形小巧方正，适合于室内桌面放置使用，可通过串行接口直接与 PC 机相连。在接到指令后，发卡器开始工作，待机状态下不发射功率，其电磁场辐射强度均符合国家一级标准限值的要求。XCRF-510 型发卡器与符合 ISO18000-6B 标准的电子标签配合，可广泛应用于产品制造和物流管理领域。

XC2900 手持式读写器采用 Intel XScale PXA270 520MHz 的 CPU，读取速度快，处理能力强，内置先进的 Window CE5.0 移动操作系统，使其拥有良好的人机交互界面，方便用户操作。XC2900 手持式读写器具备 USB 接口，既可以插入 U 盘传输或者复制存储信息，也可以接入电脑与 PC 交换同步数据，实现三方通信，满足不同场合对数据传输和存储的要求。XC2900 手持式读写器融合所有的主流无线通信技术，提供几乎适合任何移动环境的解决方案，支持数据通信和语言通信的 GPRS，为企业在多个业务领域部署单一设备提供了极大的便利。XC2900 手持式读写器可用于仓储、物流、资产管理和产品制造等领域，尤其适合需要移动采集数据的各种场合。

二、物联网 RFID 在物流领域的应用

在物流系统中，仓储一直扮演着很重要的角色，但是在现今生产制造技术及运输系统相当发达的情况下，仓储作业的角色起了质与量的变化。现代仓储不仅要实现对货品的存放功能，还要对库内货品的种类、数量、所有者以及储位等属性有清晰地标记，存放的货品在供应链中应该有清晰的上下游衔接数据。

目前市场发展的趋势是每个订单越做越小，但订单总量越来越多，作业时间也越来越短，这就要求供应商提供的产品和服务越来越复杂精细。随着业务量的不断增长和客户需求的不断提升，仓储管理也面临着越来越大的挑战，如何降低存货的投资，加强存货的控

制，降低物流和配送的费用，提高空间、人员和设备的利用率，缩短订单的流程和补库的时间，成为各个仓储部门共同关心的问题。

RFID 技术可对库存物品的入库、出库、移动、盘点和配料等操作实现全自动控制和管理，可实现对物品的全程跟踪和可视化管理，可以有效地利用仓库仓储空间，提高仓库的存储能力。RFID 技术最终将提高企业仓库存储空间的利用率，提高企业物料管理的质量和效率，降低企业库存的成本，提升企业市场的竞争力。

（一）物联网 RFID 在物流领域的实施效果

在物流领域的供应链中，企业必须实时、精确地掌握整个供应链上的商流、物流、信息流和资金流的流向和变化，各个环节、各个流程都要协调一致、相互配合，采购、存储、生产制造、包装、装卸、运输、流通加工、配送、销售和服务必须环环相扣，才能发挥最大的经济效益和社会效益。然而，由于实际物体的移动过程处于运动和松散的状态，信息和方向常常随实际活动在空间和时间上发生变化，影响了信息的可获性和共享性。RFID 可以有效解决供应链上各项业务运作数据的输入和输出，控制与跟踪业务过程，是减少物流出错率的一种新技术。我们可以从以下 3 个方面来论述 RFID 技术在物流领域的实施效果。

1. 入库和检验

当贴有 RFID 标签的货物运抵仓库时，入口处的读写器将自动识别标签，同时将采集的信息自动传送到后台管理系统，管理系统会自动更新存货清单，企业根据订单的需要，将相应的货品发往正确的地点。在上述过程中，采用 RFID 技术的现代入库和检验手段，将传统的货物验收程序大大地简化，省去了烦琐的检验、记录和清点等大量需要人力的工作。

2. 整理和补充货物

装有读写器的运送车可自动对贴有 RFID 标签的货物进行识别，根据管理系统的指令自动将货物运送到正确的位置。运送车完成管理系统的指令后，读写器再次对 RFID 标签进行识别，将新的货物存放信息发送给管理系统，管理系统将货物存放清单更新，并存储新的货物位置信息。管理系统的数据库会按企业的生产要求设置一个各种货物的最低存储量，当某种货物达不到最低存储量时，管理系统会向相关部门发送补货指令。在整理和补充货物时，通过读写器采集的数据与管理系统存储的数据相比较，很容易发现摆放错误的货物。如果读写器识别到摆放错误的货物，读写器会向管理系统发出警报，管理系统会向运送车读写器发送一个正确摆放货物的指令，运送车则根据接收到的指令将货物重新摆放到正确的位置。

3. 货物出库运输

应用 RFID 系统后，货物运输将实现高度自动化。当货物运送出仓库时，在仓库门口的读写器会自动记录出库货物的种类、批次、数量和出库时间等信息，并将出库货物的信息实时发送给管理系统，管理系统立即根据订单确定出库货物的信息正确与否。在上述过程中，整个流程无需人工干预，可实现全自动操作，出库的准确率和出库的速度大大地提高。

（二）物联网 RFID 在法国家乐福超市中的应用实例

成立于 1959 年的家乐福公司是欧洲第一大零售商和世界第二大国际化零售连锁集团，现拥有 11 000 多家零售单位，业务范围遍及 30 多个国家和地区。作为零售业的领先者，法国家乐福公司深知计算机网络技术在保持竞争优势中的重要作用。家乐福在业务运行中积极采用网络通信技术提升管理水平，实现业绩迅速增长。

1. 家乐福门店的 RFID 系统

为了提高终端竞争力，家乐福对门店的管理有很高的要求，在每一个门店家乐福都要求做到标准化，实现卖场和仓储管理模式的精确复制。零售业的传统管理模式依赖人工操作，难以适应日益增长的货物流转和库存控制要求。因此，应用先进的计算机网络通信技术和 RFID 技术实现卖场和仓储管理的自动化，已经成为一种必然，无线通信技术与 RFID 自动识别技术的融合，为零售商提升管理水平提供了良好的机遇。RFID 系统可实现在任何时间、任何地点进行实时信息采集，可实现准确快捷的信息传输，可以大大地提高工作效率。

2. 家乐福的 RFID 解决方案

家乐福公司选择了爱创公司的无线实时管理解决方案，来提升门店卖场和仓库的管理水平。爱创公司的无线实时管理解决方案，是基于设备提供商 PSC 的 RFID 设备和思科公司的无线网络技术，并结合 C/S 或 B/S 软件，来构建 RFID 系统。通过融合 PSC 公司先进的自动识别技术，爱创公司提出了自己独特的解决方案，从而在零售行业市场取得了领先的竞争优势。对零售行业用户来说，爱创公司的解决方案非常适合在超市大卖场建立自动化实时管理系统。

无线局域网（WLAN）无需线缆介质，网上的各种终端具有可移动性，能快速方便地解决使用有线方式不易实现的网络联通问题。爱创公司的 RFID 系统无线解决方案，为安全的、可管理的、可靠的无线局域网树立了企业级标准，同时还为向未来高速无线技术进行移植提供了一条平稳的途径，从而提供了投资保护。爱创公司的 RFID 无线解决方案，建立了能够为用户提供最大移动性和最大灵活性的无线基础设施，它让用户可以从任何部署了无线接入的地方，不间断地连接到所有的网络资源。

在灵活的网络基础设施之上，爱创公司为家乐福构建了无线管理系统。无线管理系统包括收货管理、货位管理、盘点管理、变价管理和价格查验管理等主要功能模块，基本覆盖了家乐福在其门店运营中所需的功能。无线管理系统基于客户/服务器（C/S）结构，在主机服务器上运行仓储管理服务软件，而在手持读写器上运行相应的仓储数据采集软件。

系统应用以集中服务为核心，针对于仓储管理的需求，移动节点之间无须通信，在现场内部以无线射频网络拓扑结构为访问节点。RF 移动终端（手持读写器）的操作区域遍及商店的各个角落，要求移动终端在商店内部的任何地点都能和服务器主机保持实时的通信，因此在系统网络架构中，必须保证安装的无线路由器能对整个商店进行无线信号的全覆盖。如果商店的面积较大，在进行无线网络设计时，可以充分利用无线 RF 技术的网络扩展能力和无缝漫游特性，对商店的无线信号进行多个无线路由器组合，作到信号的全覆盖。考虑到大型仓储商店的办公区可能与卖场不在同一区域，而且不便使用有线网络连接，因此商店与办公区之间可以采用无线网桥连接，使之成为统一的网络体系，便于网络的扩展和拆除。

3. 家乐福 RFID 项目的实施

无线实时管理系统的项目实施紧随家乐福门店扩张的进度，还在规划开设一个门店时，家乐福就与爱创公司进行沟通，做好备货和实施的各项准备。在门店即将开设之前，爱创公司组织人员对卖场和仓库进行测点，测算无线信号的覆盖强度，并出具测试报告，根据报告进行定点和布线。项目安装调试完成后，进行人员的培训工作，整个人员培训过程通常只需要 3 天时间。

无线实时管理系统是自动管理，商品变价灵活，通过实施无线实时管理解决方案，家乐福在卖场和仓库管理的各个环节都实现了自动化。例如，在收货环节，收款员利用手持 RFID 读写器对商品条形码有效性及在后台应用系统中的合法性进行检验，让商品得以顺利通过超市收款台。对供货商送来的商品，验收人员在收货区域只要通过 RFID 手持读写器，就可以逐一查验物品的编码、数量、生产地、品种、规格、包装时间和保质时间等多种信息。

在货位管理当中，通过在整个卖场部署无线网络，工作人员利用手持读写器可以随时查询货架上物品在货区的具体位置。通过每天的抽样盘点，可查看快速销售商品的货量情况、货位空间大小及商品的销售量，从而能够利用历史数据加以分析，能够更加有效地使用货位空间，使空间的使用率、商品进货量、商品的摆放最大程度上适应销售。

商品灵活的变价管理是家乐福零售管理水平的一个重要体现环节。在零售卖场，很多鲜活货物都需要临时调价，如果下午六七点还没有卖出去就需要降价，以避免损失。在没有无线实时管理系统的情况下，这项工作要由人工来完成，表单往返的过程往往耗费很多时间。

现在，手持终端读写器的工作人员只要扫描一下 RFID 标签，就可以把变价信息传回到后端系统，完成变价的操作。

4. 家乐福 RFID 项目的领先优势

无线网络的即时性使卖场能够大大提升业务的敏捷性，RFID 系统帮助家乐福提升了物流效率，增加了货物销售速度和仓库吞吐量，从而使得家乐福能够以较少的仓库面积支持更多的门店，加快了其扩张速度。在货品、货位、价格管理等各个环节实时的信息采集和传输，大大加强了销售计划的准确性和灵活性，并杜绝了前端的差错。

由于采用 RFID 技术，减轻了员工的工作负担和复杂程度，提高了员工的生产效率，实现了无纸化运营。借助无线实时管理技术，家乐福确保了在零售行业中的领先优势。家乐福围绕满足顾客需求这一核心使命，始终积极地采用不断进步的 RFID 技术和计算机网络技术，力争在每一个市场中成为现代零售业的楷模。

（三）物联网 RFID 在日本物品配送领域的应用实例

FANCL 是日本最大、最有规模的"添加"护肤及健康食品品牌，FANCL 公司现在是东京证券交易主版的上市公司。FANCL 公司成立于 1980 年，以邮购无添加化妆品起家，同时也经营补品（如营养食品）、发芽米和青汁等商品。此后，FANCL 公司以邮购为起点，在日本国内大规模开设直营店，进而拓展到便利店等传统流通渠道，事业得到不断发展。现在 FANCL 公司拥有世界尖端的科研和生产技术，研制出有别于一般护肤品、不含防腐剂和化学添加剂的美容品及健康食品，杜绝了一般含防腐剂护肤品所引起的肌肤问题，稳占世界"添加"护肤及健康食品的领导地位。

目前，FANCL 公司采用日立公司先进的物流管理方案，引进了日本国内规模最大的 RFID 系统，按照商品类别和销售渠道将运营的 8 个物流中心整合在一起，大幅提高了 FANCL 公司物流中心的业务效率。

1. FANCL 公司 RFID 系统的建设

2008 年 8 月，FANCL 公司启用了位于日本千叶县的最新物流基地—FANCL 株式会社关东物流中心，将一直以来按照商品类别和销售渠道分别运营的 8 个物流中心整合在一起。在这里，FANCL 公司有先进的物料搬运设备，而最引人注目的，是多达 14 000 枚的 RFID 电子标签。FANCL 公司始终将产品的新鲜度和品质放在首位，通过启用该物流中心，FANCL 公司把当日接单的出货率提高到 90% 以上，并把出货的精度提高到"错误基本为零"的水准，为客户提供了满意的供应链服务。FANCL 公司 RFID 的工作频率采用 13.56MHz，RFID 技术构筑了高性能、高精度的物流系统，实现了全透明实时管理。

当初，FANCL 公司在有生产工厂的千叶和横滨两地都没有物流中心，业务由本部进行管理。但由于事业的发展和经营水平的多样化，这种管理模式逐渐无法适应生产的需要，为此 FANCL 公司在横滨、崎玉、长野等地利用外部仓库，建立了不同业务和不同商品类别的八大物流基地。然而，由于据点分散，导致同一订单商品发货地点不同，带来要多次收发货、物流费用增加、商品新鲜度管理复杂等问题。

由于业务发展的需要，FANCL 公司委托日立物流北柏营业所，开发了总面积为 1332000m² 的关东物流中心。在建设这个新中心时，FANCL 公司采用了 RFID 技术，投资了 6 亿日元，分 7 年向日立物流支付。

关东物流中心以 600 种化妆品和 300 种健康食品为主，对共约 2500 多种商品进行一体化管理。FANCL 公司关东物流中心除了每天要处理多达 3 万件商品的邮购业务以外，还要承担向日本国内 200 家直营店和近 200 家其他类型流通商店的配送工作，并承担向海外市场出货的工作。

2. FANCL 公司 RFID 系统的运行

关东物流中心在新开发的 RFID 系统支持下，大幅改善保管商品的料箱式自动仓库，以料箱式自动仓库"Fine Stocker"为核心，设置了邮购商品检查区、邮购商品拣选区、海外商品检查区、海外商品拣选区、流通类商店商品拣选区和店铺商品拣选区。关东物流中心构建了以堆垛机自动补货为主的多种拣选系统，构成了超过 100 个检品站组成的物流系统。关东物流中心的最大特点是，将 14 000 枚 RFID 电子标签应用于检选周转箱中，实时控制了各个工序的传输流程。

（1）自动拣选系统

在面向邮购的小件商品检查与拣选区，从拣选周转箱处起，就开始应用 RFID 标签，标签包含的信息与每一件商品订单内的信息是一一对应的。这里共有 15 个工位，工人将不同的商品订单放置在不同的周转箱中，同时用手持读写器确认订单信息是否正确。这样，分拣订单实现了无纸化，大大降低了由人工造成的风险。此后，周转箱被传送至不同的拣货区域。在输送过程中，传送带上共安装有 164 台读写器和编写器，能够准确迅速地进行出货调度。

（2）自动补货系统。

为了提高处理能力，在拣货区通过人工的方式，提前把下一个订单的商品放在临时放置台上。在本区域货架的背面，并列安放了堆垛机箱式射频自动补货系统，使用这种自动补货系统，能节省大量人力。补货用堆垛机从箱式自动仓库提取商品，无论是塑料箱还是瓦楞纸箱都可以应对，同时也支持各种尺寸的包装箱，如图 16.16 所示。之后，商品经过传送带被送到检查包装站，在这里，每一件商品还要被读取一次编码，以确保被包装的商品准确无误。

商品包装完毕后，用传送带输送至物流中心一层，货品经过滑块式的自动分拣系统，按照不同运输公司进行分类输送。

（3）自动配送系统

对于面向店铺、流通及海外的大件商品检查与拣选区，工作方式大致相同。在这里，按照健康食品、基础化妆品等基础分类，设置了 4 条分拣流水线。在流水线的起点，通过读写器向能多次擦写的 RFID 塑胶标签写入可视化信息，然后将 RFID 标签插入周转箱，可擦写的 RFID 标签最多可读写 1 000 次，全部商品均采用数字式分拣方式。在进入包装工序之前，不同的商品会在 RFID 读写器的"判断"下，按照店铺、流通或者海外商品的分类，进入不同的包装工位。此外，周转箱也可以进行两段式叠放，因此 RFID 天线也可以设置为上下两个。

RFID 系统的使用，可以消减物流的费用，并致力于环保。目前，该中心经营的商品共有 2500 个品种，出货量约为每天 30 万个品种，其中有近 1000 个批次是保鲜产品。在约 2000 个品种的直销商品中，热销商品约 300~400 个品种，总订购量为平均每天 12000~15000 件，最大每天处理可达 3 万件，全部用数字分拣系统进行处理。

3. FANCL 公司 RFID 系统的优点

FANCL 公司关东物流中心的 RFID 标签，自动读取率能达到 99.99%，基本上没有错误发生，读取率远远高于条码。在中心的传送带流水线中，能够实现 90m/min 无停止标签读取，系统运行稳定正常。与条码相比，引进 RFID 系统，虽然初期整体投资会增加一倍，但运行中所节约的费用相当可观，一年半后即可收回投资。

（1）减小差错

通过使用先进的 RFID 系统，FANCL 公司大幅度提高了大批量货物的处理能力和出货准确率，当日订单的发货率从 78% 上升到 90% 以上，误出率也从原来的 0.04% 下降到 0.005% 以下。通过对 8 个物流分中心进行集成和整合后，减少了存储转移和库存转移的次数，实现了射频统一管理和统一配送。

（2）节省费用

由于 RFID 系统的使用，因营业额上升而增加的网络费用，目前以每年 10% 的幅度消减。而且，原来需要 280 名员工的工作岗位，现在只需要 200 名左右就足够了。

（3）安全环保

FANCL 公司新中心的启用，减少了用于仓库间移动和配送的卡车运输量，由此每年可以减少约 130 万吨的二氧化碳。在物流业务所需的票据类方面，使用 RFID 后，实现了无纸化管理，每年可节约 740 万张纸，相当于 30 吨纸。

第三节　物联网 RFID 在防伪和公共安全领域的应用

RFID 技术作为一项先进的自动识别和数据采取技术，已经在防伪和公共安全领域得到越来越广泛的应用。防伪和公共安全领域涉及的方面极为广泛，票证防伪、食品防伪、财产安全、门禁管理和交通管理等各个方面都涉及防伪和公共安全，可以说防伪和公共安全问题无处不在，因此应用 RFID 技术来杜绝伪造和保障相应领域的安全也将无处不在。

一、物联网 RFID 在防伪领域的应用

RFID 防伪技术的应用，有利于企业提高管理效率，降低运营成本。RFID 防伪技术不仅可以给企业带来直接的经济效益，还可以使国家相关管理部门有效地监管企业的生产经营状况，打击和取缔非法生产活动，维护社会秩序稳定，为国民经济持续发展提供有力的技术保障。

（一）远望谷 RFID 电子票证防伪系统

在信息高速发展的时代，传统门票容易伪造、容易复制，加上人情放行、换人入馆等弊端时有发生，致使各大场馆门票的收入严重流失，难以对观众出入各大场馆的活动进行实时统计和实时管理。远望谷公司采用先进的 RFID 技术，通过与数据库技术、定位技术和通信技术相结合，有效地解决了各大场馆的票务管理和信息管理等传统问题，实现了电子门票售票、验票、查询、统计和报表等的全自动管理，对提高馆会的综合管理水平和提高馆会的经济效益有着显著的作用。

1. 电子门票系统的组成

RFID 电子门票系统由制售门票子系统、验票监控子系统、展位观众记录子系统、统计分析子系统、系统维护子系统和网上注册子系统 6 个子系统构成。

（1）制售门票子系统。

该子系统主要由发卡器、打印机和读写器构成，用来完成门票的制作和销售任务。

（2）验票监控子系统。

该子系统主要由读写器和摄像机构成，用来完成验票入场的任务。

（3）展位观众子系统。

该子系统用手持读写器巡查观众席位，记录展位的观众数目并稽查观众的购票情况。

（4）统计分析子系统。

该子系统对展会的各种数据进行实时统计分析。

（5）系统维护子系统。

利用该子系统可以对 RFID 电子门票系统进行维护。

（6）网上注册子系统。

利用该子系统可以完成网上注册。

2. 电子门票系统的功能

电子门票系统建立了完整的电子标签票务计算机归类系统，实现了计算机制票、售票、检票、查票、数据采集、数据结算、数据汇总统计、信息分析、查询和报表等整个业务流程的全自动化管理，使会展的业务全部纳入计算机统一管理，提高了工作效率，堵住

了票务发行的漏洞和财务漏洞，解决了票证的防伪问题，避免了可能产生的巨额经济损失。

RFID 电子门票系统可以完成以下功能：

（1）系统具有全方位的实时监控和管理功能。

（2）有效杜绝了因伪造门票所造成的经济损失。

（3）有效杜绝了无票的人员进场，加强了场馆的安全保障措施。

（4）能准确统计参观者的流量、经营收入及查询票务，杜绝了内部财务漏洞，对于提高场馆的现代化管理水平，有着显著的经济效益和社会效益。

（5）通过对参展商和观众不同身份的归类划分，提供信息归类和增值服务。

（6）通过长期的数据积累分析，可积累相关行业的市场动态资料。

（7）通过使用电子票证防伪系统，主办方可以大大地提高顾客满意度。

（二）南非世界杯预选赛（中国—澳大利亚）RFID 电子门票系统

随着我国经济实力的日益增长和国家间交往合作的日益深入，一些在国际国内都有重大影响的体育赛事和文化活动得以相续在我国举办。然而传统门票很容易被伪造，无法实现数据采集和安全监控，导致假票的问题日益凸显。RFID 技术可以实现门票数据信息自动采集，对门票的有效性可以进行快速验证，有效地解决了门票伪造的问题。

2010 年 6 月，世界杯足球赛在南非举行。2008 年 3 月，南非世界杯足球赛亚洲选区的第三轮比赛（中国—澳大利亚）在中国昆明拓东体育场进行，鉴于以往大型国际比赛在国内多次出现票务问题，组委会为此次比赛制订了 RFID 电子门票解决方案。

1. 传统门票存在的问题

（1）假票问题

热门比赛的票源有限，如世界杯外围赛、CBA 篮球赛等。这些比赛观众火爆，票价低的几百元，高的几千元，假票利润十分大，致使假票现象时有发生。

假票问题引起的严重后果如下：

①票款流失。假票多了，买真票的人就少了，票款自然流到票贩子手中。

②座位争夺。只有一个座位，一个持真票，一个持假票，争夺场内座位，容易引起混乱。

③成本增加。为了杜绝假票，组委会通常会调集大批保安，对每一张门票进行反复人工检验，甚至动用警察在一旁监督，浪费了大量的人力、物力和财力。

④入场次序混乱。凡是球赛都有一个共同特点，就是球迷会在比赛前一个小时进场。火爆的足球比赛，通常有 3~4 万人观看，一个小时内既要球迷有次序地快速通过检票口，又要杜绝假票，采用传统的纸票方式是无法做到的。一旦出现假票，球迷必然会争执，整个进场的速度就会跟着降下来，后面的球迷也会鼓噪，这样场面就可能失控，引起混乱。

（2）分区不明确问题

门票分为几个等级，通常主席台为 A 类票，前排为 B 类票，中排为 C 类票，后排为 D 类票。人工检票的时候，检票人员无法控制 A 类票在第一入口进入，B 类票在第二入口进入，球迷进场后，很容易因为找不到位置或者坐错位置而引发争执，这容易引发混乱。

（3）进场速度问题

传统的纸质门票需要用人工来检验门票的真伪，检票员需要用肉眼来辨别票的真伪，需要花较多的时间，这将降低了检票的速度。

2. 昆明足球赛制定的电子门票解决方案

世界杯昆明预选赛采用了电子门票。在整个检票过程中，总计发现了 3 000 多张假票，门票上的条码、激光和钢印等防伪手段均制造得相当精致，但最后还是被 RFID 读写器验出。

昆明世界杯电子门票的特点如下。

（1）采用 RFID 技术

昆明世界杯电子门票在传统纸质门票的基础上，嵌入拥有全球唯一代码的 RFID 电子芯片，彻底杜绝了假票。RFID 芯片无法复制，可读可写，是世界上最先进的防伪手段。

（2）质优价廉

昆明世界杯 RFID 电子门票采用飞利浦公司的 Mifare Ultralight 芯片，具有极高的稳定性，而且价格低廉（1 元/张，已含印刷费）。

（3）检票速度提高。

因为电子门票无须人工分辨真伪，只需要用 POS 机（手持读写器）靠近电子门票，0.1 秒即可分辨真伪，可让球迷快速通过检票口。

（4）快速区分门票的入口。

在电话或网络订票时，售票人员已经将买票人购票的种类、门票价格、购票人姓名和电话号码等信息写入电脑，并写入 RFID 电子门票的芯片中。待球迷到检票口时，如果该票应该在 A 入口进入，球迷到 B 入口来检票，POS 机就会报警，提醒保安让球迷到 A 入口检票进入，这样就避免了进错入口找不到座位而引起的混乱。

（三）五粮液酒 RFID 防伪系统

在国家颁布的《2006～2020 年国家信息化发展战略》和四川省发布的《四川电子信息产业"十一五"发展规划》等政策大力推动下，为满足五粮液酒高端产品对 RFID 标签的需求，五粮液集团启动了 RFID 防伪项目，并于 2009 年 11 月交付使用。

1. 项目背景

五粮液酒作为中国最顶尖、最具有代表性、销量最大的酒类品牌，一直是假冒犯罪的首要目标，因此五粮液集团在保护品牌方面的重视程度和投入力度，均大大超过同行。凭借五粮液的行业影响力，五粮液的防伪工程一直在行业内具有重要的示范引导作用，是名酒防伪技术的风向标。

五粮液酒防伪项目初期，实现高端品牌 RFID 防伪标签年用量在两千万枚以上，同期推出多功能 RFID 查询设备八百套以上，专卖店 RFID 查询设备及手持式查询设备两千套以上。五粮液酒防伪项目投入约人民币二亿元，目的是构建一个完整的 RFID 整体解决平台。

2. 项目目标及应用功能

通过项目实施，建设完整的 RFID 五粮液酒防伪和追溯管理系统，树立 RFID 技术在食品类防伪应用的国内示范，建立从芯片设计、制造、标签封装、包装生产、出入库、物流、销售、消费、投诉和打假等各环节的一整套防伪技术和服务规范。五粮液酒防伪项目将逐步完善 RFID 技术在食品防伪和追溯管理方面的主要功能，逐步建立起 RFID 行业应用标准，为下一步 RFID 技术在我国商品流通市场中的应用摸索出一条可行的途径。

本项目以 RFID 应用带动 RFID 产业，以 RFID 电子标签设计、RFID 读写设备研发、应用系统集成为基础，实现 RFID 食品防伪和追溯管理的目标，建立 RFID 技术在食品防伪和追溯管理的应用规范和模式，推进 RFID 产业快速发展。

五粮液酒防伪项目的目标及应用功能如下：

（1）RFID 标签防伪和产品追溯。

（2）生产管理。

（3）仓储和物流管理。

（4）销售管理（防伪和防窜货管理）。

（5）辅助决策等。

3. 项目部分内容概述

（1）五粮液 RFID 电子标签

五粮液 RFID 电子标签工作频率在超高频段，包含多项专利技术，具有全球唯一码、数字签名、防转移和防复制等特性。五粮液 RFID 电子标签的金属天线采用易碎纸作为基材，即保证了对标签高读写性能的要求，又能满足大规模生产的经济性要求。

（2）五粮液车间及仓库 RFID 数据采集系统

五粮液酒防伪 RFID 系统整体优化了五粮液包装车间、出入库和物流环节的操作流程，使包装流水线的生产、产品仓储和流通更加精确化和规模化，RFID 电子标签的数据采集准确率在 99.5% 以上。

①应用领域。五粮液酒防伪 RFID 系统可应用于五粮液生产线、产品出入库、物流和销售等领域。

②系统功能。可向上层应用系统提供每一瓶酒的产品属性信息、生产日期、入库和流转的业务操作信息，包括标签验证结果信息、单品物流信息、箱体物流信息和系统出错统计信息等。可实现产品信息实时上传、重要数据本地备份存储，形成完整的系统管理和配置功能。

（3）RFID 电子标签防伪查询机

RFID 电子标签防伪查询机是智能、多功能识别设备，具有准确、便捷和功能强大的特点，适用于专卖店、商场和超市等各种公共场合。

RFID 电子标签防伪查询机的主要功能如下：

①读取 RFID 标签信息。

②产品 RFID 防伪查询。

③数字签名验证。

④产品出入库管理。

⑤物流信息查询。

⑥产品宣传广告播放。

（4）手持式 RFID 扫描仪

手持式 RFID 扫描仪是一款集 RFID 读写器和条形码读写器于一体的多功能手持式读写设备，具有携带方便，读写迅速，准确率高的特点。

手持式 RFID 扫描仪的主要功能如下：

①读取 RFID 标签及条形码信息。

②产品出入库管理。

③RFID 电子标签识别。

④RFID 标签内数据的防伪查询与认证。

（5）终端消费的礼品式 RFID 读写设备

礼品式 RFID 读写设备是一款集 RFID 读写和其他音频功能、照明功能等为一体的多功能读写设备，具有携带方便、功能齐全、外形美观小巧、数据读取准确率高等特点。

礼品式 RFID 读写设备使用容易，便于携带，方便读取 RFID 防伪标签内的信息，很容易验证五粮液产品的真伪，在终端消费查询中得到了广泛应用。

二、物联网 RFID 在公共安全领域的应用

随着 21 世纪的到来，人们逐步跨入了信息时代，以 RFID 技术为基础的各种智能系统，可实现信息交换、信息共享和信息统一管理，使人们稳居帐中便可驰骋在信息高速公路上。

目前 RFID 技术已经渗透到员工考勤、电子门禁、食品安全和医疗管理等各个领域，RFID 技术使各项管理工作更加高效、更加科学，为人们的日常生活带来了便捷和安全。

（一）中国 RFID 门禁控制系统

RFID 门禁系统作为一项先进的高技术防范手段，具有隐蔽性和及时性，在科研、工业、博物馆、酒店、商场、医疗监护、银行和监狱等领域得到越来越广泛的应用。门禁系统作为安保自动化管理的一个重要组成部分，越来越引起人们的关注，采用无障碍快速通道来实现人员进出管理，更是一种非常先进的管理方式。无障碍快速通道是专门为日益增长的安全需要而特别设计的高科技产品，可以防止未经授权的人员进入，为受限制的区域提供快速进出条件下的安全保障。

1. 门禁系统简介

门禁系统没有物理障碍，利用 RFID 检测人员通过和运行的方向，方便人员快速通行，同时又防止未授权人员的非法通行，无需刷卡，实现了真正的快速通行，通行速度可达 3 人/秒。门禁系统具备防尾随功能，可及时识别尾随在合法人员后面试图进入通道的非授权人员，并在监控中心发出声光报警，如有需要还可以同时把非法通过人员的照片抓拍下来，以备日后查证。门禁系统从一个方向刷卡只能按刷卡对应的方向进入，防止内部人员为外来人员放行，可有效防止在通道一端刷卡，而非法人员从另一端闯入。门禁系统具备防钻功能，防止非法人员从通道底部钻入。门禁系统可实现在高档写字楼、工厂、机场、实验室等快速进出场合下的安全管制。

使用 RFID 门禁系统，管理人员坐在监控电脑前，就可以了解整个公司人员的进出情况，根据电脑的实时监控功能，判断是否要到现场进行观察，同时将人员进出情况、报警事件等信息进行游览察看、打印或存档。此外，RFID 感应卡不易复制、安全可靠、寿命长，非接触读卡方式可以使卡的机械磨损减少到零。

2. 门禁系统的特点

门禁系统具有以下特点。

（1）具有对通道出入控制、保安防盗和报警等多种功能。

（2）方便内部员工或者住户出入，同时杜绝外来人员随意进出，既方便内部管理，又增强了内部的保安。

（3）门禁管理系统在智能建筑中是安保自动化的一部分，可为用户提供了一个高效的工作环境，从而提高了管理的层次。

3. 门禁系统的设计

（1）设计依据。

门禁系统的主要设计依据如下：

①国际综合布线标准 ISO/IEC 11801。

②《民用建筑电气设计规范》JGJ/T 16-92。

③《中华人民共和国安全防范行业标准》GA/T 74-94。

④《中华人民共和国公共安全行业标准》GA/T70-94。

⑤《监控系统工程技术规范》GB/50198-94。

（2）设计原则

建设智能化大厦的工作属百年大计，必须经得起时间考验。同时整个门禁系统既要处于技术的尖端，又要符合实际的需要。因此，门禁系统的设计应遵循下列原则。

①系统的实用性

门禁系统的功能应符合实际需要，不能华而不实，如果片面追求系统的超前性，势必造成投资过大，离实际需求偏离太远，因此系统的实用性是首先应遵循的第一原则。

②系统的易操作性

系统的前端产品和系统的软件应具有良好的可学习性和可操作性，特别是可操作性，应使具备电脑初级操作水平的管理人员，通过简单的培训就能掌握系统的操作要领，达到独立完成值班任务的操作水平。

③系统的实时性

为了防止门禁系统中任何一个子系统出现差错或停机影响到整个系统的运行，门禁系统的各子系统应尽可能设计成不停机系统，以保证整个系统正常运行。

④系统的完整性

一个完整的门禁系统是建筑整体形象的重要标志，功能完善、设备齐全、管理方便是设计应考虑的因素。

⑤系统的安全性

门禁系统在保证所有设备及配件性能安全可靠的同时，还应符合国内国际的相关安全标准。另外，系统安全性还应体现在信息传输及使用过程中，确保不易被截获和窃取。

⑥系统的可扩展性

门禁系统的技术在不断向前发展，用户需求也在发生变化，因此门禁系统的设计与实施应考虑到将来可扩展的实际需要。系统设计时，可以对系统的功能进行合理配置，并且这种配置可以按照需求进行改变。系统可灵活增减或更新各个子系统，保持门禁系统的技术处于领先地位。系统软件可以进行实时更新，并提供免费的软件升级服务。

⑦系统的易维护性

门禁系统在运行过程中维护应尽量做到简单易行，使系统的运行真正做到开电即可工作的程度，并且维护无需使用过多的专用工具。从计算机的配置到系统的配置都要充分仔细地考虑到系统可靠性，在做到系统故障率最低的同时，也考虑到即使在意想不到的问题发生时，要保证数据的方便保存和快速恢复，并且保证紧急时能迅速地打开通道。整个系统的维护应采用在线式，不会因为部分设备的维护，而停止所有设备的正常运作。

⑧系统的稳定性

系统所采用的产品，应该是经历长时间市场应用的成熟产品，该产品应在国内有许多成功案例。

⑨系统投资的最佳效果

门禁系统在设计时要考虑到目前国内的实际应用水平，实现合理的投资，得到最佳的效果。这主要体现在 3 个方面，在满足客户要求和系统可靠性的前提下，初期的投资要尽可能少；系统运行后，保养和维护的费用要少；系统在未来进行搬迁或改造升级时，只需要少量资金便可达成。

4. 联网型门禁系统的拓扑图

联网型门禁系统主要由多个客户终端、多个读写器、多个通道、交换机和服务器构成，是组网型门禁系统。联网型门禁系统有多种形式的终端，各种终端之间通过交换机相互通信，并使用服务器进行管理。

联网型门禁系统的拓扑图说明如下。

（1）在 485 总线上，最多可以同时挂接 32 台控制器，如果全部采用 4 门控制的话，最多可控制 128 扇门。

（2）总线采用手拉手的连接方式。

（3）485 信号线要采用屏蔽双绞线，线径不能小于 0.75mm。当采用较小线径的信号线时，485 总线上所挂接的控制器数量和 485 总线的通信距离将减小。

5. 简易型门禁系统的设计

简易型门禁系统与联网型门禁系统不同，简易型门禁系统只有一种终端形式。简易型门禁系统不采用交换机，不用组网，但使用后台管理系统，在管理中心可以实时监控。

持卡人员经过快速通道时，通道后靠近值班室的门会自动打开，RFID 不报警。无卡人员经过快速通道时，RFID 报警，管理中心会立即收到报警信号，通过监控系统可进行即时查看。

简易型管理门禁系统的特点如下。

（1）CR1A-MS 进出都读卡，不带方向判断，两路输入，一路输出。

（2）CR1A-DS 进出都读卡，具有方向判断，两路输入，两路输出。

6. 门禁系统无障碍快速通道

无障碍快速通道是专门为日益增长的安全需要而设计的高科技产品，它可以为受限制的区域提供快速进出条件下的安全保障，防止未经授权的人员进入。

无障碍快速通道产品外形光滑流畅，电气设备性能高度可靠，可确保系统的安全性、通行的快捷方便和人身防护的安全。该系统利用红外光束来检测合法人通过和通行的方向，没有物理障碍（无闸臂），方便人员快速通行，同时又能防止未授权人员的非法通行。

该系统配合远距离读卡器，无需刷卡，实现真正的快速通行，通行速度可达到3人/秒，可应用于高档写字楼、工厂、机场和试验室等快速进出且无噪声场合下的安全管制。

SK-E110无障碍快速通道系统的功能如下。

（1）人员身份识别

只有持有合法卡的人员进入通道时，"通行绿灯"才会亮。根据需要，操作人员还可以对持有卡片人员的进出权限进行设定，以达到管制的目的，如可以规定哪部分人员在某个时段可以进入该通道，其余时间不允许进入。

（2）通道报警

没有携带合法卡的人员在进入通道的一瞬间，安装在通道两侧的光电开关将探测到有人非法闯入，并传递给控制器，控制器上面的报警继电器会动作，与之相连的"报警声光警号"会发出警报。

（3）访客进入

保安人员在确认访客身份后，按一下"访客进入按钮"，允许访客进入。访客进入通道后，系统将不再报警。如有多名访客同时进入，则需要按动多次按钮，如果按动按钮的次数少于访客的人数，系统将报警。

（4）卡片禁止

操作员可随时通过软件，将某张卡片禁止。例如，如果某个住户没有交纳物业管理费，可以将该住户的卡片禁止掉。

（5）防尾随

如果有人紧跟在一个合法住户的后面，试图进入通道，系统同样会给出报警提示。

（6）人工图像对比

持卡人员到达感应区域时，计算机的监控画面将实时显示该人的资料，包括个人的图片，供保安人员进行人工对比。

7. 门禁系统的功能和特点

（1）门禁系统是守护神

员工感应卡被识别后，通过确认其身份和使用时段，员工方能通行。可以设置感应卡的使用权限、使用年限、每周的使用天数、每日的使用时段，可以禁用已经挂失的个人识别卡，可以设置多级操作密码。

（2）门禁系统是千里眼

门禁系统可以实时显示当前所有通道的进出情况，可以对以前时间内所有通道和卡的进出情况进行统计查询，进出人员均有相片显示，随时可查阅其人事档案。

（3）门禁系统防尾随

门禁系统可以及时识别尾随在合法人员后面试图进入通道的非授权人员，并设有声光报警，既保证了合法人员的快速通过，又防止了非授权人员尾随进入。

（4）门禁系统安全可靠

门禁系统采用无障碍通道，如遇到紧急情况对人员没有阻挡，可以确保人员的安全。门禁系统可以对设备的故障进行自检和跟踪监测，并有灯光提示，以便维护人员及时维修。

（5）门禁系统方便灵活

门禁系统使用时，同步产生可供使用的用户数据库和历史数据库，可供财务、工资报表和其他管理部门使用。门禁系统可在网络回路上任意增减设备，用户应用软件界面友好，操作方便简单，全汉字分级显示，窗口式鼠标操作，自动式磁盘记录，具有多种查询方式。

（6）门禁系统功能强大

门禁系统的容量非常大，每个控制器都可以保存 100000 张感应卡的信息和 100000 条出入的记录，并且可以根据用户的需要随时动态调整。门禁系统可脱机工作，计算机可存储 20 年的记录数据。门禁系统可提供 TPC/IPT 和 485 接口，通道与 485 通信距离可达 1200m，采用多阶层连接方式，解决了传统 485 总线方式下通讯距离受到限制的问题。门禁系统可以接控制器的数量为 32 个，现场控制器均采用独立的电源箱（二次电源）供电，即使 220V 断电，仍然可以用 220V 电源箱供电 5 小时。

（二）德国 RFID 医院信息系统

在医疗服务不断完善的今天，医院的信息化程度已经大大提高，现在大型医院都用上了医院信息化系统，医院信息化系统提高了医院的服务水平。但是目前医院信息化系统存在的一些问题并没有得到根本解决。例如，当遇到突发事件，面对必须及时施救的病人时，医生和护士必须寻找该病人的病例，在查看病人病史以及药物过敏史等重要信息后，才能针对病人的具体情况进行施救，然而这些查看过程会延误抢救病人的最佳时机。德国的 RFID 医院信息系统可以快速准确地解决这些问题，大大提高了医院治疗和管理病人的效率。

1. 医院 RFID 系统的构成

医院目前现有的信息化系统，已经对每一位挂号病人进行了基本信息录入，但是这个信息并不是实时跟着病人走的，只有医护人员到办公区域的电脑终端，才能查到病人的准确信息。现在，通过一条简单的 RFID 智能腕带，医护人员就可以随时随地掌握每一位病人的正确医疗信息。

当医院采用 RFID 系统后，每位住院的病人都将佩戴一个采用 RFID 技术的腕带，这里面储存了病人的相关信息，包括个人基本资料以及药物过敏史等重要信息，更多更详细的信息可以通过 RFID 电子标签的电子编码到对应的中央数据库查阅。

如今，RFID 技术完全可以代替现有病床前的病人信息卡。例如，病人是否对某种药物过敏，今天是否已经打过针，今天是否已经吃过药等监控信息，都可以通过RFID读写器和病人的腕带反应出来，这样可以大大提高管理病人的效率。

2. 医院使用RFID的原则

医院在日常医疗活动中，每时每刻都要使用病人标识，包括使用记载着病人情况的床头标识卡，让病人穿上医院的标识服、让病人戴含有RFID技术的腕带等。医院使用RFID标识应该遵循以下3个基本原则。

（1）提供确切的病人身份标识，标识准确而且统一，标识涵盖医院的各个部门。

（2）建立病人与医疗档案，建立各种医疗活动的明确对应关系。

（3）使用可靠的标识产品，确保病人标识不会被调换或丢失。

医院工作人员经常用类似"10号床的病人，吃药了"这样的语言引导病人接受各种治疗。不幸的是，这些方法往往会造成错误的识别结果，甚至会造成医疗事故。

通过使用特殊设计的病人标识腕带（Smart-Wrist），将标有病人重要资料的标识带系在病人手腕上进行24小时贴身标识，能够有效保证随时对病人进行快速准确的标识。同时，特殊设计的病人腕带能够防止被调换或除下，可以确保标识对象的唯一性和准确性。

医院也可以给工作人员佩戴RFID胸卡，这样医院不仅可以对病人进行管理，也可以对医生进行管理，医院在紧急时可以找到最需要的医生。

3. RFID在母婴识别上的应用

RFID腕带可以应用在医院的很多方面，例如可以应用在母婴识别上。刚刚出生的婴儿不能准确表达自己的状况，新生儿特征相似，如果不加以有效标识，往往会造成错误识别。

单独对婴儿进行标识存在管理漏洞，母亲与婴儿是一对匹配的标识对象，将母亲与婴儿同时标识，可以杜绝恶意的人为调换，这对新生儿的标识尤为重要。

RFID技术可以解决目前医院存在的母亲抱错婴儿、婴儿被盗等问题。当护士抱着婴儿离开时，婴儿腕带的识别信息必须和母亲的识别信息相匹配才能离开，如果信息不匹配，门禁系统就会发出报警，可以有效地防止婴儿被抱错。RFID技术在母婴识别中的作用如下。

（1）防止婴儿抱错

护士通过携带RFID手持读写器，可以分别读取母亲和婴儿RFID识别带中的信息，确认母婴双方的身份是否匹配，可以有效防止出生时长相都差不多的婴儿被抱错。

（2）防止婴儿防盗

在各个监护病房的出入口布置固定式RFID读写器，每次有护士和婴儿需要通过时，通过读取护士身上的RFID身份识别卡和婴儿身上的RFID母婴识别带，身份确认无误后监护病房的门才能打开。同时，护士的身份信息、婴儿的身份信息以及出入时间都被记录在数据库中，并配有监控录像，保安能够随时监控重点区域的情况。

4. 医用 RFID 系统的优点

（1）帮助医生或护士对交流困难的病人进行身份确认。

（2）监视、追踪未经许可进入高危区域闲逛的人员。

（3）当出现医疗紧急情况、传染病流行或恐怖威胁时，RFID 系统能够启动限制（4）措施的执行，防止未经许可的医护人员、工作人员和病人进出医院。

（5）病人的腕带上记录着病例的相关信息，医院管理人员对腕带部分数据进行加密，即使腕带丢失，也不会被其他人破解。

（6）病区医生的手持读写器上存储着所负责病人的相关病例，医院服务器上存储着病人完整的病例，并且可以实时写入医疗的相应信息。

（7）医院的工作人员佩戴 RFID 胸卡，医院可以通过胸卡对工作人员进行管理。

参考文献

[1] 吴同. 浅析物联网的安全问题 [J]. 网络安全技术与应用, 2010 (8)：7-8, 27.

[2] 杨晓君. 数据库技术发展概述 [J]. 科技情报开发与经济, 2001 (3)：152-153.

[3] 王志华, 史大云. 射频识别技术（RFID）在交通领域的应用现状 [J]. 交通运输系统工程与信息. 2005. 5 (6). 99.

[4] 李向军. 物联网安全及解决措施 [J]. 农业网络信息, 2010 (12)：5-7.

[5] 胡新力. 2013. 物联网框架下的智慧医疗体系架构模型构建：以武汉为例 [J]. 电子政务. (132)：24-31.

[6] 杨震. 物联网及其技术发展 [J]. 南京邮电大学学报（自然科版）, 2010, 30 (4)：9-14.

[7] 诸瑾文, 王艺. 从电信运营商角度看物联网的总体架构和发展 [J]. 电信科学, 2010 (4)：1-5.

[8] 黄玉兰. 物联网体系结构的探究 [J]. 物联网技术, 2011, 1 (2)：21-25.

[9] 李洪研. 物联网数据网络架构的设计与思考 [J]. 中国安防, 2010 (7)：37-41.

[10] 夏良, 冯元. 云计算中的信息安全对策研究 [J]. 电脑知识与技术, 2009 (6)：7368-7369, 7382.

[11] 聂学武, 等. 物联网安全问题及其对策研究 [J]. 计算机安全, 2010 (11)：4-6.

[12] 李向军. 物联网安全及解决措施 [J]. 农业网络信息, 2010 (12)：5-7.

[13] 郭莉, 严波, 沈延. 物联网安全系统架构研究 [J]. 信息安全与通信保密, 2010 (12)：73-75.

[14] 汪晓航. 数据库技术的发展 [J]. 企业导报, 20011 (1)：289.

[15] 冯冀华, 吴大伟. 应用射频识别技术的货物进出网络管理系统 [J]. 微型电脑应用, 2001 (6).

[16] 郎为民, 刘德敏, 李建军. RFID 安全机制研究 [J]. 电子元器件应用, 2007 (3)：55-58.

[17] 金敬强, 武富春. 信息融合技术的发展现状与展望 [J]. 电脑开发与应用, 2006, 19 (1).

［18］赵志军，沈强，唐晖，等. 物联网架构和只能信息处理理论与关键技术 ［J］. 计算机科学. 2001（8）：1-8.

［19］胡郑松. 无线传感器技术的应用探讨 ［J］. 沿海企业与科技，2010（5）：40-41.

［20］梅海涛. 基于云计算的物联网运营平台浅析 ［J］. 电信技术，2011（5）：66-68.

［21］郭育良，贾敬宇. 物联网与互联网的比较研究 ［J］. 现代电信科技，2011（4）.